北尾惠美子
零基础发卡蕾丝编织

〔日〕北尾惠美子 著

史海媛 译

河南科学技术出版社

· 郑州 ·

目录

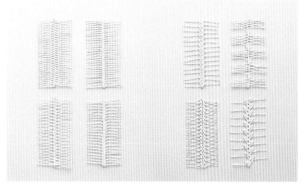
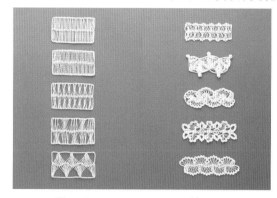
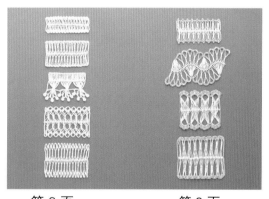
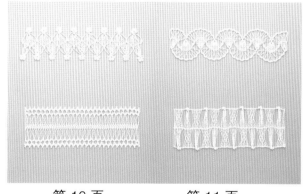
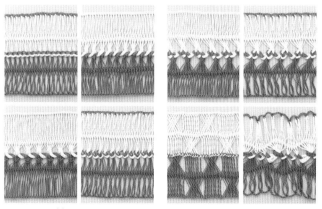
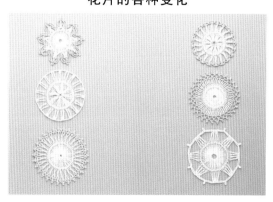

第 32 页　　　　　第 33 页

时尚小物和小杂货

书签
手链
第 36 页

发圈
第 37 页

腰带
第 38 页

台心布和杯垫
第 39 页

粉红色梯形披肩
第 40 页

海军蓝色梯形披肩
第 41 页

单肩包
第 42 页

圆底包
第 43 页

Blade Variation

饰带制作方法的各种变化

材料与工具 第 55 页　　Point Lesson 第 15 页

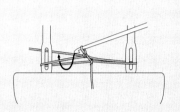

〈1根线〉

如箭头所示挑起左侧
线圈的前侧 1 根线，
钩织短针。

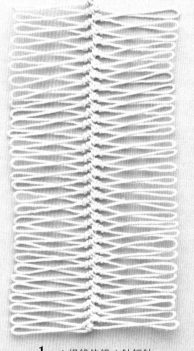

1 1根线钩织1针短针

2 1根线钩织2针短针

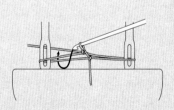

〈2根线〉

如箭头所示挑起左侧
线圈的 2 根线，钩织
短针。

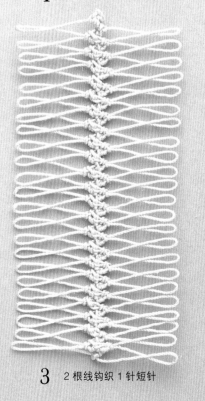

3 2根线钩织1针短针

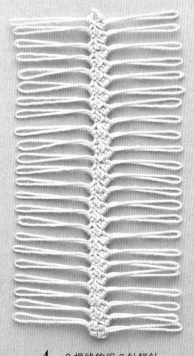

4 2根线钩织2针短针

发卡蕾丝的基础"饰带"。
介绍制作这种饰带的中间部位的钩织方法。
钩织方法不同，左、右线圈也会变换出不同的形态。
添加枣形针或狗牙针，使线圈之间形成间隙，变成具有
韵律感的精美饰带。

材料与工具 第55页　　Point Lesson 第15、16页

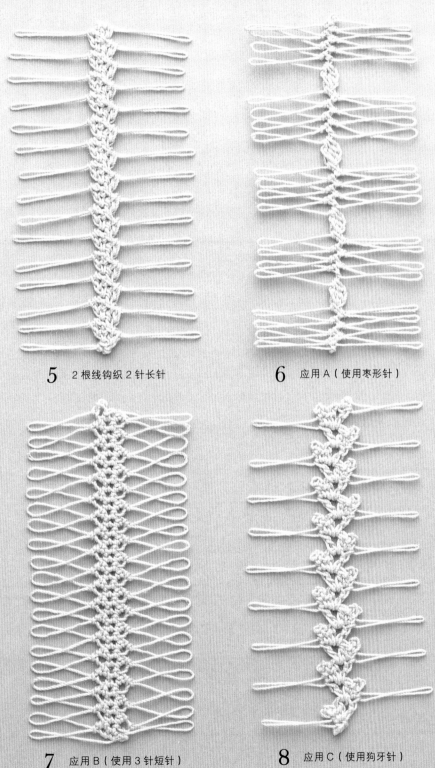

5 2根线钩织2针长针

6 应用A（使用枣形针）

7 应用B（使用3针短针）

8 应用C（使用狗牙针）

Summary Of How To Loop

饰带线圈的组合方法

线圈的交叉、扭转，或几根一并挑起。
作品 9~13 用短针和锁针简单钩织边缘编织。
参照线圈的组合方法变换出的各种形态。

材料与工具　第 55 页

9

■ = 饰带的编织起点
● = 饰带的编织终点

9　钩织宽度 4cm
　　1 根线钩织 1 针短针 32 个线圈

4.7 cm

0.25 cm

10

10　钩织宽度 4cm
　　1 根线钩织 1 针短针 32 个线圈

4.6 cm

0.25 cm

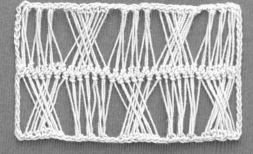

11

11　钩织宽度 4cm
　　1 根线钩织 1 针短针 32 个线圈

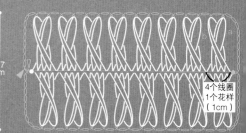

4.7 cm

4 个线圈
1 个花样
（1cm）

12

12　钩织宽度 4cm
　　1 根线钩织 1 针短针 30 个线圈

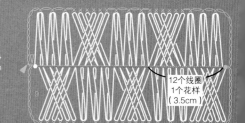

4.7 cm

12 个线圈
1 个花样
（3.5cm）

13

13　钩织宽度 4cm
　　1 根线钩织 1 针短针 30 个线圈

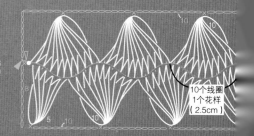

4.6 cm

10 个线圈
1 个花样
（2.5cm）

Blade Variation

饰带线圈的组合方法和边缘编织的各种变化

不仅能学会线圈的组合方法，还能体验各种精心设计的由边缘编织构成的或曲线形的、或华丽的饰带。

材料与工具 第 55 页　Point Lesson 第 17 页（作品 16）

14

○ = 饰带的钩织起点　● = 饰带的钩织终点

14　钩织宽度 2cm　1 根线钩织　1 针短针 36 个线圈

3.7 cm

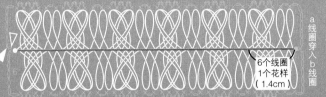

a 线圈穿入 b 线圈

6个线圈
1个花样
（1.4cm）

15　钩织宽度 6cm
1 根线钩织　1 针短针 40 个线圈

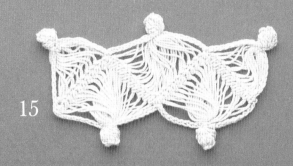

15

4.7 cm

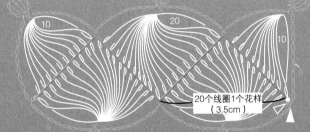

20个线圈1个花样
（3.5cm）

16　钩织宽度 3cm　1 根线钩织　1 针短针 48 个线圈

16

17　钩织宽度 3cm　1 根线钩织　1 针短针 35 个线圈

17

18　钩织宽度 2cm　1 根线钩织　1 针短针 40 个线圈

1 的线圈缠绕
2~5 的线圈

18

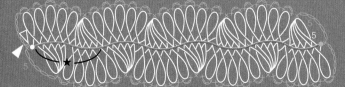

★ =10 个线圈 1 个花样（2.5 个花样）

材料与工具 第55页
Point Lesson 第18~20页（作品21、22）

19

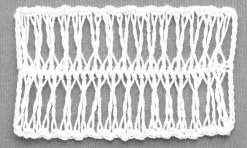

20

21

22

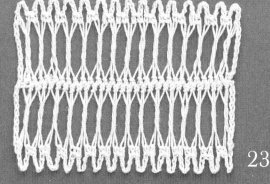

23

BLADE Variation

19 钩织宽度 2cm 1 根线钩织 1 针短针 30 个线圈

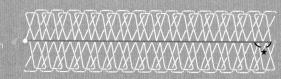

3 cm

★ =2 个线圈 1
个花样（0.1cm）

20 钩织宽度 4cm 1 根线钩织 1 针短针 36 个线圈

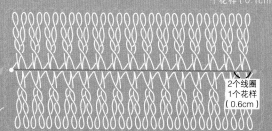

4.8 cm

b 线圈穿入 a 线圈

2 个线圈
1 个花样
（0.6cm）

21 钩织宽度 5cm 1 根线钩织 1 针短针 30 个线圈

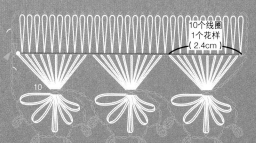

5 cm

10 个线圈
1 个花样
（2.4cm）

22 钩织宽度 5cm 1 根线钩织 1 针短针 28 个线圈

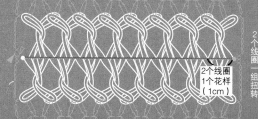

5.5 cm

2 个线圈
1 个花样
（1cm）

2 个线圈一组扭转

23 钩织宽度 4cm 1 根线钩织 1 针短针 30 个线圈

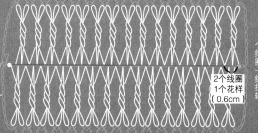

6 cm

2 个线圈
1 个花样
（0.6cm）

1 个线圈一组扭转

24　钩织宽度3cm　1根线钩织1针短针34个线圈

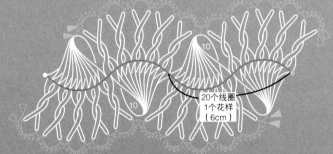

扭
转
2
次

3

4个线圈
1个花样
（1cm）

3

4.5
cm

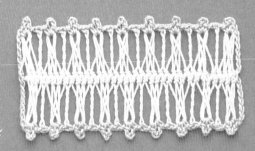

24

25　钩织宽度4cm　1根线钩织1针短针40个线圈

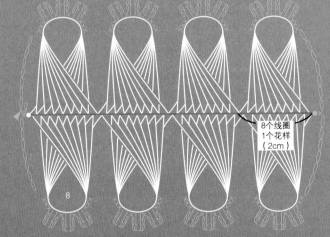

10

10

20个线圈
1个花样
（6cm）

7
cm

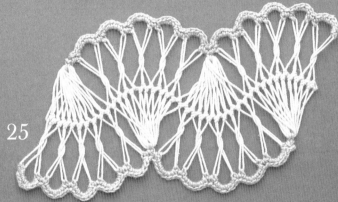

25

26　钩织宽度6cm　1根线钩织1针短针32个线圈

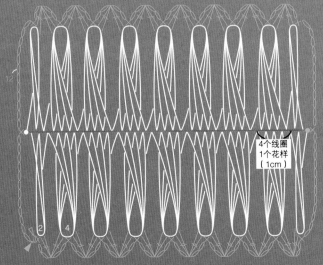

8

8个线圈
1个花样
（2cm）

7

7
cm

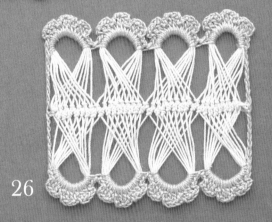

26

27　钩织宽度5cm　1根线钩织1针短针32个线圈

12

2　4

4个线圈
1个花样
（1cm）

7.3
cm

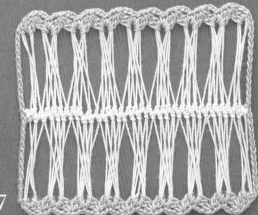

27

Blade Variation

材料与工具 第 55 页

28　28　钩织宽度 6cm　1 根线钩织 1 针短针 96 个线圈

（□边缘编织）=在织片之间钩织　●（●边缘编织）=挑起短针的半针和根部 2 根线钩织

29　29　钩织宽度 6cm　第 16 页的作品 7（应用 B）52 个线圈

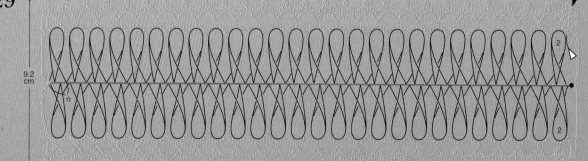

☆=2 个线圈 1 个花样（1cm）

30

30　钩织宽度 5cm　1 根线钩织 1 针短针 114 个线圈（参照第 16 页的作品 6 应用 A）

7.6 cm

8　14　2　8

←28个线圈（1个花样）6.9cm→

31

31　钩织宽度 8cm　1 根线钩织 1 针短针 85 个线圈

9.5 cm

扭转 2 次

扭转 2 次、交叉

6　6

6

←14个线圈（1个花样）→
4.2cm

Tool&Material Guide 本书中所使用的材料和工具

< 发卡蕾丝编织器的种类 >

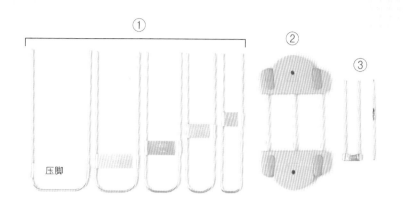

① 发卡蕾丝编织器（5根一组）
宽度分别为 3cm、4cm、5cm、6cm、8cm。
② 发卡蕾丝编织器（弹簧夹式）
以 1cm 为单位，可以变换编织杆间距（2~8cm）的弹簧夹式编织器。
③ 发卡蕾丝编织器 "迷你款"（2cm 宽）
附 0 号蕾丝钩针。
★本书主要使用发卡蕾丝编织器（弹簧夹式）。

< 其他工具 >

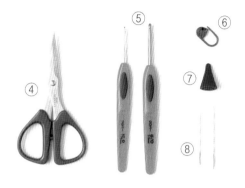

④ 剪刀
处理线头时，沿着织片的边缘剪断线头，头部尖细、锋利的使用起来更方便。
⑤ 蕾丝钩针、钩针
用于钩织发卡蕾丝的饰带时，或钩织边缘编织时。
⑥ 行数环
用于休止针目时使用。
⑦ 棒针帽
固定于编织杆的前端，防止发卡蕾丝编织器上的压脚脱落。
⑧ 手缝针
用于挑针缝合织片，或处理线头时用。
★此外，还要准备熨斗、熨烫台。

< 线 > ★图片同实物大小

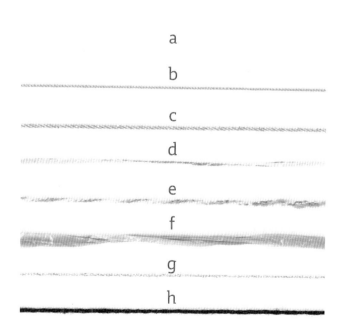

a
b
c
d
e
f
g
h

奥林巴斯
a Emmy Grande/ 蕾丝钩针 0 号 ~ 钩针 2/0 号 100% 棉 50g/ 团（约 218m）47 色 100g/ 团（约 436m）3 色

〔DMC〕
b Cebelia 10 号 / 蕾丝钩针 0~2 号 100% 棉 50g/ 团（约 270m）彩色（31 色）、基础色（8 色）

〔和麻纳卡〕
c Aprico（Lame）/ 钩针 3/0~4/0 号 100% 棉（超长棉）30g/ 团（约 115m）12 色
d Email/ 钩针 5/0 号 85% 涤纶、12% 非指定纤维、3% 尼龙 25g/ 团（约 97m）12 色
e Tharia/ 钩针 5/0 号 33% 棉、20% 人造丝 、19% 涤纶、14% 羊毛、9% 尼龙、5% 马海毛 30g/ 团（约 108m）8 色
f 益高安迪华 / 钩针 5/0~7/0 号 100% 人造丝 40g/ 团（约 80m）52 色

〔横田 Daruma〕
g 金属蕾丝线 30 号 / 蕾丝钩针 2~4 号 80% 铜氨纤维 、20% 涤纶 20g/ 团（约 137m）7 色
h 棉和麻 Raji/ 钩针 3/0~4/0 号 70% 棉、30% 麻（15% 亚麻、15% 苎麻）50g/ 团（约 201m）13 色

★ a ~ h 从左开始为：线名→适用针→含量→规格→线长→色数。
★ 色数为 2014 年 5 月信息。
★ 图中颜色和实物颜色或有差异。

Basic Lesson

基础饰带的制作方法

★此处使用发卡蕾丝编织器（弹簧夹式）进行讲解。

● 组装编织器 ●

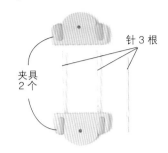

针 3 根
夹具 2 个

安装针时，对应饰带的宽度。

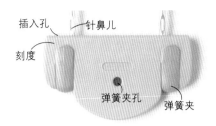

插入孔
针鼻儿
刻度
弹簧夹孔
弹簧夹

插入孔…在弹簧夹的断面，可按 1cm 间隔插入针（最大宽 8cm）。
刻度…2cm、4cm、6cm、8cm 和中央的标记（△标记）。
弹簧夹…方便挂线头。
针鼻儿…另线穿入此处，钩织的同时可将另线穿入线圈。
弹簧夹孔…穿入编织起点的线。

● 编织起点的钩织方法 ●

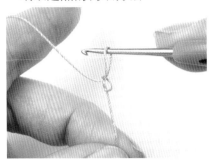

1 约留 15cm 的线头制作线圈，并拉紧。

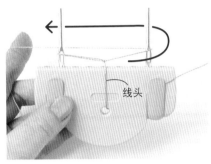

线头

2 把线环挂于左侧的针上，结头靠近中央的标记（△处）位置，如箭头所示挂于右侧针。线头穿入弹簧夹孔，挂于弹簧夹上。

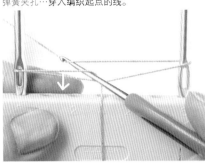

3 从左边前侧线圈的下方入针，针头挂线拉出。

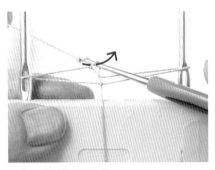

4 再次挂线引拔出。

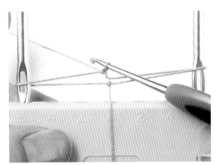

5 拉出的状态（锁针钩织完成）。

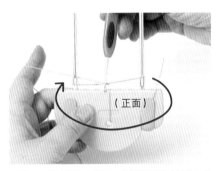

（正面）

6 钩针的针头朝下，编织器按顺时针方向转动半圈（翻到反面）。

（反面）

7 编织器转动半圈。线挂于右侧的针上。

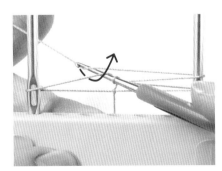

8 从左边前侧线圈的下方入针，针头挂线拉出。

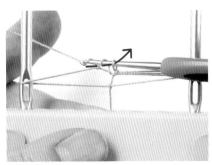

9 再次挂线引拔出。

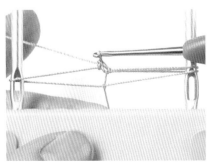

10 引拔完成的状态（短针钩织完成）。

11 钩针的针头朝下，编织器按顺时针方向转动半圈（翻到反面）。

（反面）

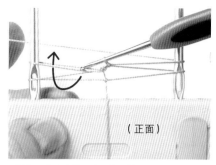

12 从左边线圈的下方入针，钩织短针。

（正面）

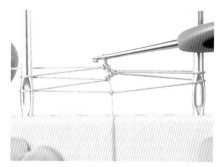

13 短针钩织完成。

● 钩织长饰带时 ●

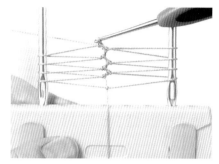

14 重复步骤 6~10、11~13，制作左、右两侧的线圈，钩织短针。编织终点处，注意左、右两侧的线圈数量相同。

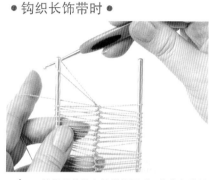

1 编织器的针上挂满线圈后，将编织线拉至左针的外侧，拉长锁针（挂于钩针的针目），挂于左针。

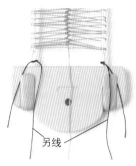

另线

2 另线穿入两端的针鼻儿，打结。

3 将另一半套入上方，拆下下端的编织器。

4 针上留 2~3 个线圈，饰带下移，另线穿入线圈。

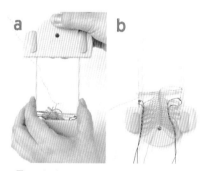

a　　　　　b

5 织片置于编织器的后面，针重新套入下端，拆下上端（a）。b 为反面。

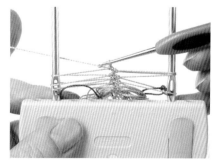

6 步骤 1 挂于左针的锁针移至钩针，继续钩织。★短饰带同样在钩织完成时穿入线，这样不易缠绕，钩织边缘编织时方便用钩针挑起线圈。

● 编织终点的钩织方法 ●

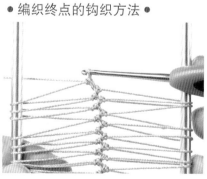

1 指定数量的线圈钩织完成。

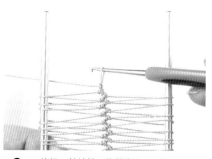

2 钩织 1 针锁针。剪断线头，从针目引拔出。处理线头时，穿入边缘编织的织片内。

Point Lesson 饰带制作方法的各种变化

〈 1、2 第4页 〉

● 1根线钩织1针短针、1根线钩织2针短针 ●

1 参照"编织起点的钩织方法"（第13页），将线固定于编织器上，引拔起针。

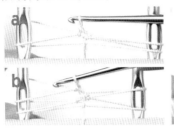

2 转动编织器，从下方挑起1根左边线圈前侧的线，钩织1针短针（a）。转动编织器，同样钩织1针短针（b）。

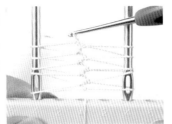

3 继续钩织。

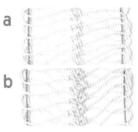

4 重复步骤2、3。用1根线钩织1针短针完成（a）。用1根线钩织2针短针完成（b）。

〈 3、4 第4页 〉

● 2根线钩织1针短针、2根线钩织2针短针 ●

1 参照"编织起点的钩织方法"（第13页），将线固定于编织器上，引拔起针。

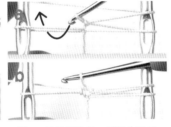

2 转动编织器，如箭头所示挑起2根线（线圈）钩织1针短针（a）。1针短针钩织完成（b）。

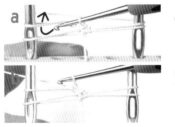

3 转动编织器，如箭头所示挑起2根线（线圈）钩织1针短针（a）。1针短针钩织完成（b）。

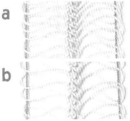

4 重复步骤2、3。用2根线钩织1针短针完成（a）。用2根线钩织2针短针完成（b）。

〈 5 第5页 〉

● 2根线钩织2针长针 ●

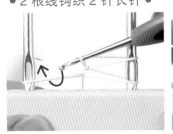

1 参照"编织起点的钩织方法"（第13页），将线固定于编织器上，引拔制作最初的锁针。转动编织器，针上挂线，2根线（线圈）钩织2针长针。

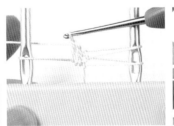

2 2针长针钩织完成。

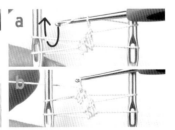

3 转动编织器，如箭头所示挑起2根线（线圈）钩织2针长针（a）。2针长针钩织完成（b）。

4 重复步骤1~3。用2根线钩织2针长针完成。

Point Lesson

〈6 第5页〉
● 应用A ●

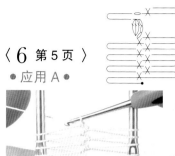 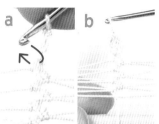  

1 1根线钩织1针短针,左、右两侧各钩织4个线圈。

2 接着,钩织3针锁针(a)。a的箭头的针目中钩织未完成的2针长针,钩织枣形针(b)。

3 转动编织器,针头挂线(a)。接着,钩织1针锁针,转动编织器(b)。

4 重复步骤1~3,应用A钩织完成。

〈7 第5页〉
● 应用B ●

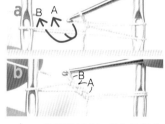 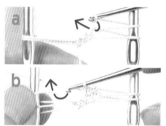 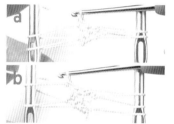 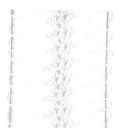

1 参照第13页,制作最初的锁针。针上挂线,挑起最初的2针短针的2根线(A的箭头)和最后的1针前侧1根(B的箭头)线(线圈),共钩织3针短针(a)。3针短针钩织完成(b)。

2 转动编织器,钩织1针锁针,上一行的针目中钩织2针短针(a)。接着,挑起线圈前侧的1根线,1根线钩织1针短针(b)。

3 3针短针钩织完成(a)。转动编织器,钩织1针锁针、上一行的针目中钩织2针短针、1根线钩织1针短针(b)。

4 重复步骤1~3,应用B钩织完成。

〈8 第5页〉
● 应用C ●

 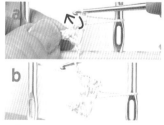 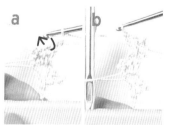 

1 参照钩织图,制作1针锁针的起针,按"1针锁针、1针短针、狗牙针、1针长针、1针锁针、1针长针"进行钩织。

2 翻转织片,右针挂线,钩织1针锁针(a)。接着,钩织1针短针、狗牙针,第1行的锁针整段挑起,钩织长针(b)。

3 转动编织器,钩织1针锁针(a)。接着,钩织1针短针、狗牙针,第1行的锁针整段挑起,钩织长针(b)。

4 重复步骤2、3,应用C钩织完成。

Point Lesson　饰带线圈的组合方法和边缘编织

〈 16　第7页 〉

● 钩织边缘编织 ●

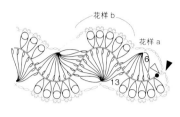

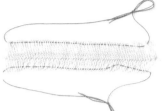

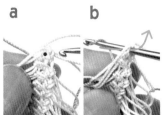

多个的线圈（6、13个线圈）一并挑起钩织的花样a和折回挑起扭转线圈钩织的花样b，交替重复。

1 按3cm宽的2根线钩织1针短针，钩织59个线圈的饰带。穿入线圈的另线一端打结。

2 另线往左、右两边拉，线圈容易对齐。

3 钩针插入饰带的针目（a的●处），接边缘编织的线。

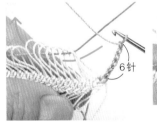

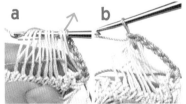

4 钩织6针锁针，钩针穿入9个线圈。

5 9个线圈一起引拔（a），钩织短针（b）。

6 继续钩织2针锁针，如箭头所示，钩针插入第10个线圈，扭转，折回前侧。

7 线圈为双重状态。

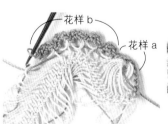

8 钩织2针锁针，在双重的线圈中钩织1针短针。

9 继续在相同线圈中织入2次"1针锁针、1针短针"。之后，重复4次步骤6~9。

10 花样a（9个线圈）和花样b钩织完成。

11 交替重复花样a和花样b。另一侧的边缘编织错开花样a、花样b的位置，进行钩织。

Point Lesson

〈 **21** 第 8 页 〉

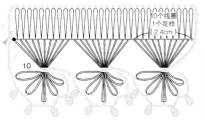

10个线圈
1个花样
(2.4cm)

10

这是改变左、右两侧线圈长度钩织的饰带，并改变上、下边缘编织进行组合。

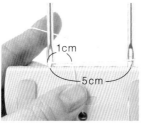

1cm
5cm

1 钩织宽度设定为 5cm，中心左移，2 根线钩织 1 针短针 30 个线圈。

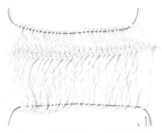

2 饰带钩织完成。穿入线圈的另线两端打结。

● 钩织边缘编织 ●

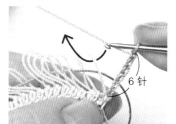

6针

3 接线于饰带的针目（参照第 17 页），钩织 6 针锁针。

4 如步骤 3 的箭头所示，线圈中插入针，钩织 1 针短针。

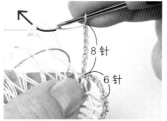

5 每个线圈上面各钩织 1 针短针。用此钩织方法钩织至最后的线圈。

● 钩织另一侧的边缘编织 ●

8针
6针

6 钩织 6 针锁针，饰带的针目中钩织 1 针短针，接着钩织 8 针锁针。

7 挑起最初的 2 个线圈，钩织 1 针短针。

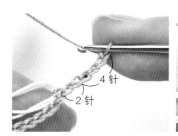

4针
2针

8 钩织 6 针锁针（2 针锁针 +4 针枣形针）。

9 在锁针的第 3 针（步骤 8 的●处）中钩织 2 针长针的枣形针。

10 钩织 3 针锁针，在相同针目（步骤 8 的●处）中引拔。

11 接着，钩织 2 针锁针。

12 接下来的 2 个线圈钩织 1 针短针。

13 再重复 3 次步骤 7~11，钩织 3 针锁针。

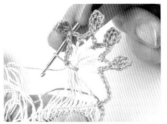

14 如步骤 13 的箭头所示，2 个线圈 1 组钩织短针，整段挑起 10 个线圈，钩织短针。

15 在下个花样上钩织 5 针锁针。

〈 22 第 8 页 〉

16 最后钩织 7 针锁针，接线于编织起点的针目引拔固定。

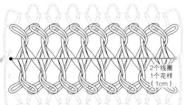

扭转线圈，挑针钩织边缘编织。

2个线圈 1个花样 (1cm)

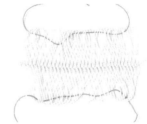

1 按 5cm 宽，1 根线钩织 1 针短针，钩织 32 个线圈，另线穿入线圈，另线的两端打结。

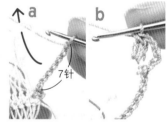

a ↑   b

7针

2 接线于饰带的针目（参照第 17 页），钩织 1 针锁针、1 针短针、7 针锁针（a）。在 2 个线圈中钩织 1 针短针、5 针锁针、2 针长针的枣形针（b）。

3 如箭头所示，在下一个 2 个线圈处入针拉出，交叉各线圈。

4 2 个线圈一组，交叉完成 4 个线圈。

5 用手指压住交叉的线圈，抽出钩针，针上挂线之后，按箭头所示挑起 4 个线圈，钩织 2 针长针的枣形针。

6 4 个线圈上钩织完成 2 针长针的枣形针。

Point Lesson

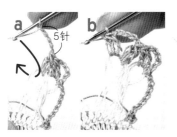

7　接着，钩织 5 针锁针（a），同步骤 6 钩织的枣形针一样，在线圈上钩织枣形针（b）。

8　重复步骤 3~7 钩织至左端，锁针钩织于另一侧的线圈，另一侧用同样方法钩织。

〈 31　第 11 页 〉

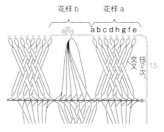

花样 b　花样 a

abcdhgfe

交叉扭2次15

交叉线圈钩织的花样 a 和 1 针短针组合 6 个线圈的花样 b，交替钩织。

1　按 8cm 宽，1 根线钩织 1 针短针，钩织 56 个线圈，另线穿入线圈，另线的两端打结。

2　接线于饰带中心的针目（参照第 17 页），钩织 1 针锁针、1 针短针、15 针锁针。

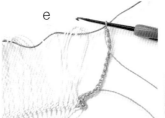

3　从第 5 个线圈的 e 线圈开始交叉。

4　e 线圈挂于钩针上，压住底部。

5　按顺时针方向扭转 2 次。

6　钩织 1 针短针。

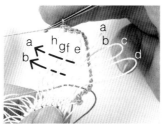

7　重复步骤 4~6，扭转 f~h 的针目，钩织 1 针短针。

8　a 线圈交替穿入 e~h 的线圈后，拉出，按顺时针方向扭转 2 次。

9　钩织 1 针短针。

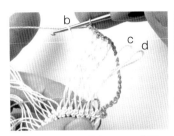

10 b 线圈交替穿入 e~h 线圈后拉出，按顺时针方向扭转 2 次，钩织 1 针短针。

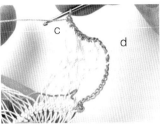

11 c 线圈也同样，交替穿入 e~h 线圈，按顺时针方向扭转 2 次，钩织 1 针短针。

12 d 线圈也同样钩织，花样 a 完成。

13 钩织 3 针锁针，6 个线圈挂于钩针上。

各个线圈的连接方法

〈 **39** 第 23 页 〉

● 改变线圈长度的饰带的钩织方法 ●

14 钩织 1 针短针。

15 引拔至步骤 14 箭头所示的针目，钩织 3 针锁针的三叶草花样，再钩织 3 针锁针。

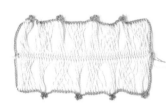

16 重复花样 a、花样 b，钩织至左端，按锁针钩织至另一侧的线圈，另一侧同样移开 1 个花样钩织。

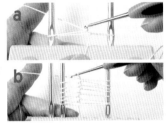

1 钩织宽度为 4cm，中心右移引拔制作线圈（a）。接着，按 1 根线钩织 1 针短针制作 6 个线圈之后，从左侧的针外侧 1cm 处插入针（b）。

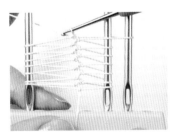

2 编织器按顺时针方向转动半圈，编织器钩织 1 针短针。线圈挂于外侧的针目。

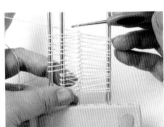

3 接着，钩织 9 个线圈。

4 接着钩织短线圈时，针和针之间入线钩织。

5 按顺时针方向转动半圈编织器，钩织 1 针短针。

I Connect The Blade

线圈连接方法的各种变化

材料与工具 第58页　　Point Lesson 第24、25、28页

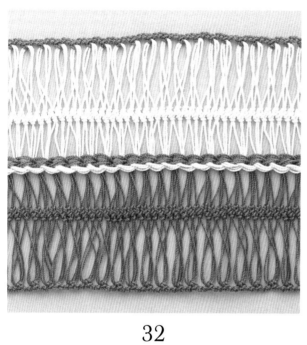

32

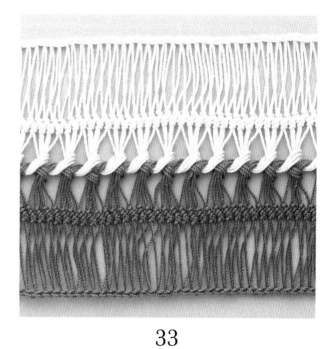

33

34

35

2条饰带的连接方法：
用钩针交替拉出上、下线圈，将饰带连接在一起。
不仅用于单色，双色的混合编入也很漂亮。

材料与工具　第59页　　Point Lesson 第26~29页

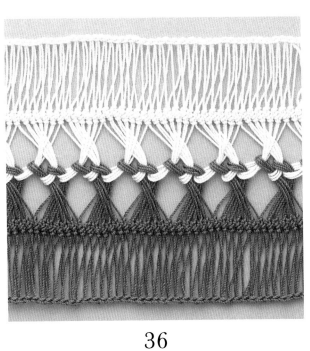

36

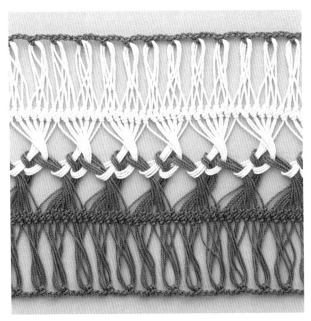

37

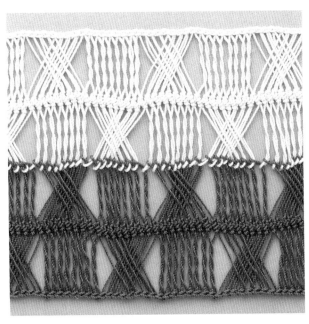

38

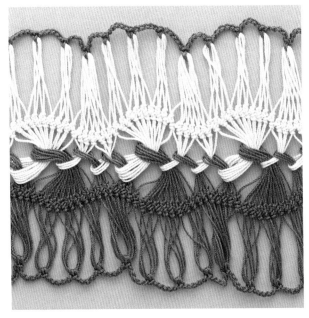

39

Point Lesson 各个线圈的连接方法

〈 32 第 22 页 〉

饰带a
2
1
2
饰带b

● 引拔固定饰带 a ●

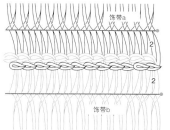

1 钩针挑起 4 个线圈。

2 如步骤 1 的箭头所示，从右侧的 2 个线圈中引拔左侧的 2 个线圈，再挑起下一组的 2 个线圈。

3 重复步骤 2，2 个线圈 1 组引拔固定。最后引拔的针目穿入行数环。

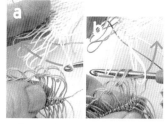

4 对齐饰带用左手拿着，挑起饰带原白色（a）的 2 个线圈。钩针穿入●，原白色的 2 个线圈挂于针头（b）。

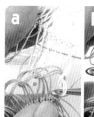

5 如步骤 4 的 b 的箭头所示引拔（a）。钩针穿入●，原白色的 2 个线圈挂于针头（b）。

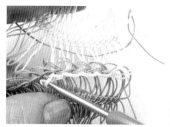

6 重复步骤 4、5，连接各个线圈。

7 连接完成。

〈 33 第 22 页 〉

饰带a
3
3
饰带b

● 引拔固定饰带 a ●

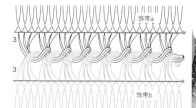

1 用钩针挑起 3 个线圈（a）。下一组 3 个线圈如箭头所示挂针引拔（b）。

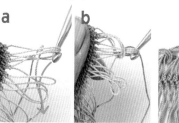

2 重复步骤 1，移开 3 个线圈引拔固定。最后引拔的针目穿入行数环。

3 对齐的饰带原白色（a）用左手拿着，钩针穿入饰带褐色（b）的左端引拔的针目。

4 按步骤3箭头所示，从褐色的引拔针引拔原白色的3个线圈。

5 用拇指压住步骤4引拔的原白色的线圈，在下一个褐色的针目中入针。

6 步骤5压住的原白色的线圈穿入针内，从☆线圈引拔下个原白色的3个线圈。

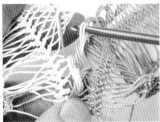

7 从☆线圈引拔完成原白色的3个线圈。

〈34 第22页〉 ●将原白色饰带引拔固定●

8 重复步骤3~7，连接完成。

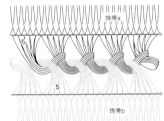

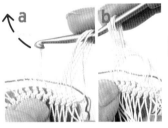

1 钩针挑起5个线圈（a）。按箭头所示，引拔下一组的5个线圈（b）。

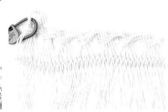

2 重复步骤1，引拔固定。最后引拔的针目穿入行数环。

3 从原白色引拔的针目的反面入针（a），引拔褐色的5个线圈（b）。

4 钩针松开褐色的线圈，用拇指压住，从下个原白色的针目的反面穿入钩针，松开的线圈、下一组褐色的5个线圈（☆）挂于针上。

5 从原白色的针目和褐色的线圈引拔褐色的5个线圈（步骤4的☆处）。

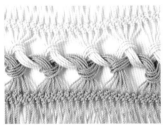

6 重复步骤4、5，连接完成。

Point Lesson

〈 **37** 第23页 〉

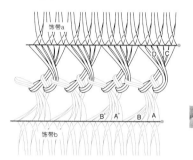

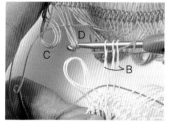

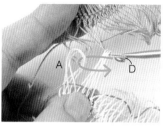

1 钩针挑起原白色的线圈 B（3 个线圈）。

2 褐色的线圈 D（3 个线圈）挂在针头上。

3 从 B 引拔挂于针头的线圈 D（参照步骤 2 的箭头）。

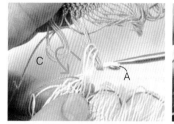

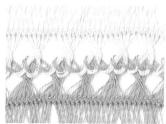

4 如步骤 3 的箭头所示，引拔线圈 A。

5 如步骤 4 的箭头所示，从线圈 A 引拔线圈 C。

6 B 的线圈挂针引拔。

7 重复步骤 2~6，连接完成。

〈 **38** 第23页 〉

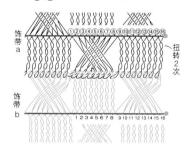

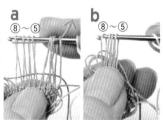

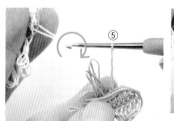

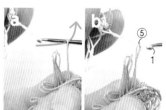

1 钩针挑起饰带 b（褐色）的 8 个线圈（a）。引拔线圈 ⑤~⑧ 的 4 个线圈（b）。

2 钩针松开 4 个线圈，挑饰带 b 的线圈 ⑤，饰带 a 的线圈 1 挂在针上。

3 按步骤 2 的箭头方向，扭转 2 次挂于针头的线圈 1（a），从线圈 ⑤ 引拔（b）。

26

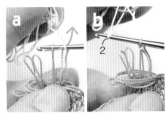

4 饰带b的线圈⑥挂在针上（a），按照箭头引拔。饰带a的线圈2挂在针上（b）。

5 重复步骤1~4，连接饰带b的线圈⑤~⑧和饰带a的线圈1~4（a）。按各线圈一样，逐个和饰带a的线圈5~8连接，饰带b的线圈①~④（b）连接。

6 饰带b的线圈⑨挑针，扭转2次（a），按照箭头所示引拔（b）。

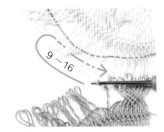

7 按箭头所示，入针挑起饰带a的线圈9~16。

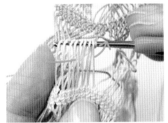

8 钩针挑起8个线圈。

9 按照步骤8的箭头所示，从线圈13~16引拔线圈9~12。

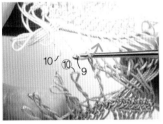

10 钩针松开线圈9~12，仅线圈9挂于针头，从线圈⑨引拔。

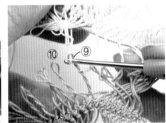

11 重复"饰带b的线圈挂针扭转2次，从饰带a的线圈引拔（参照步骤6）"，连接饰带a的13~16和饰带b的线圈⑨~⑫。

12 饰带a的线圈13~16和饰带b的线圈⑨~⑫连接完成。

13 重复"饰带a的线圈挂针引拔（参照步骤10）"，连接饰带a的线圈9~12和饰带b的线圈⑬~⑯。

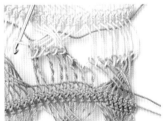

14 连接完成1个花样。

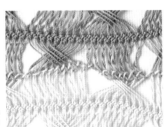

15 重复步骤1~14，连接完成。

Point Lesson

〈 **35** 第22页 〉

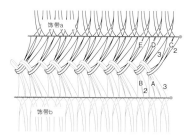

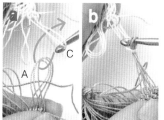

1 饰带a（原白色）的线圈C（2个线圈）挂于针头（a），从饰带b（褐色）的线圈A（3个线圈）里引拔出（b）。

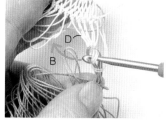

2 从饰带b的线圈A里引拔饰带a的线圈D（3个线圈）。

3 参照步骤2箭头所示，从饰带a的线圈D里引拔饰带b的线圈B（2个线圈。）

〈 **39** 第23页 〉

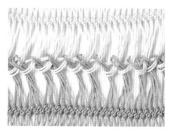

4 重复步骤1~3，连接完成。

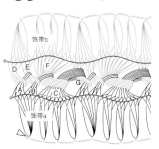

1 从饰带b的线圈D（3个线圈）入针（a），从饰带a的线圈A（3个线圈）里引拔出（b）。

2 针头挂上线圈E（a），引拔出（b）。

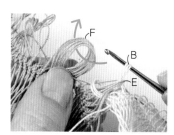

3 从线圈E里引拔线圈B，线圈F挂于针头。

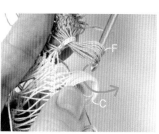

4 从线圈B里引拔线圈F，线圈C挂于针头。

5 从线圈F里引拔线圈C。

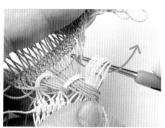

6 线圈G挂于针头。

7 从线圈C里引拔线圈G。

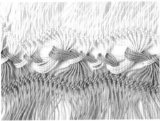

8 重复步骤1~7，连接完成。

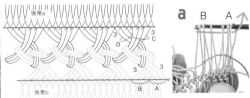

1 从饰带b（褐色）的线圈A（3个线圈）、B（3个线圈）挑针（a），从线圈A里引拔B（b）。

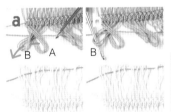

2 钩针松开线圈B（a），按照箭头所示方向重新入针于线圈B。线圈的扭转消失（b）。

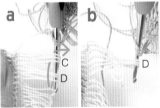

3 从饰带a（原白色）的线圈C（3个线圈）、D（3个线圈）挑入钩针（a），引拔线圈D（b）。

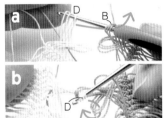

4 参照步骤2，重新入针于线圈D（a），按照箭头所示从线圈B里引拔（b）。

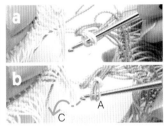

5 按照步骤4的b的箭头所示，将线圈A插入钩针（a），钩针重新插入线圈A，从线圈D里引拔（b）。

6 按照步骤5的箭头所示，从反面将线圈C插入钩针，从线圈A里引拔。

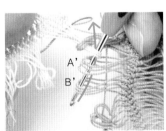

7 参照步骤2，钩针重新插入线圈C，从线圈A'、B'里插入钩针。

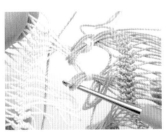

8 按照步骤7的箭头所示，从线圈C里引拔线圈B'。1个花样钩织完成。

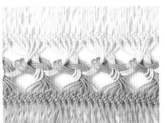

9 重复步骤2~8，连接完成。

Motif Variation

花片的各种变化

饰带的编织起点及终点连接成圆形，完成花片。
中心用边缘编织做成圆形。
还有星星、花等各种漂亮的形状。

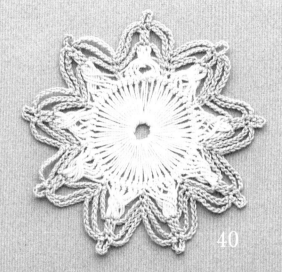

40

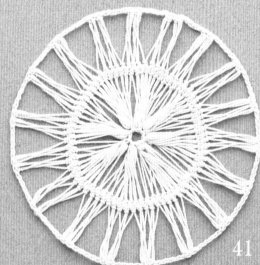

41

42

40　钩织宽度3cm
　　1根线钩织短针54个线圈

（边缘编织第1行）
=在织片的线圈之间编织

中心穿入另线收紧（参照第35页）

直径9.5cm

41　钩织宽度4cm
　　1根线钩织短针72个线圈

中心用钩针钩织收紧（参照第34

直径9.8cm

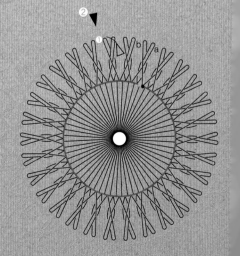

42　钩织宽度3cm
　　1根线钩织短针60个线圈

※线圈a穿入线圈中
中心穿入另线收紧（参照第35页）

直径11cm

43 钩织宽度3cm
1根线钩织短针60个线圈

中心用钩针钩织收紧
（参照第34页）

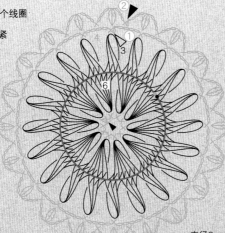

43

直径9cm

44 钩织宽度3cm
1根线钩织短针60个线圈

中心穿入另线收紧
（参照第35页）

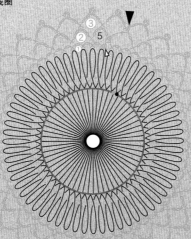

44

直径10.2cm

45 钩织宽度4cm
1根线钩织短针64个线圈

中心穿入另线收紧
（参照第35页）

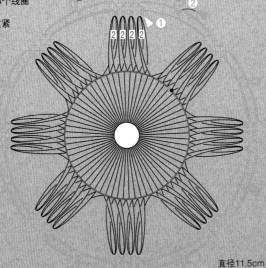

45

直径11.5cm

Motif Variation

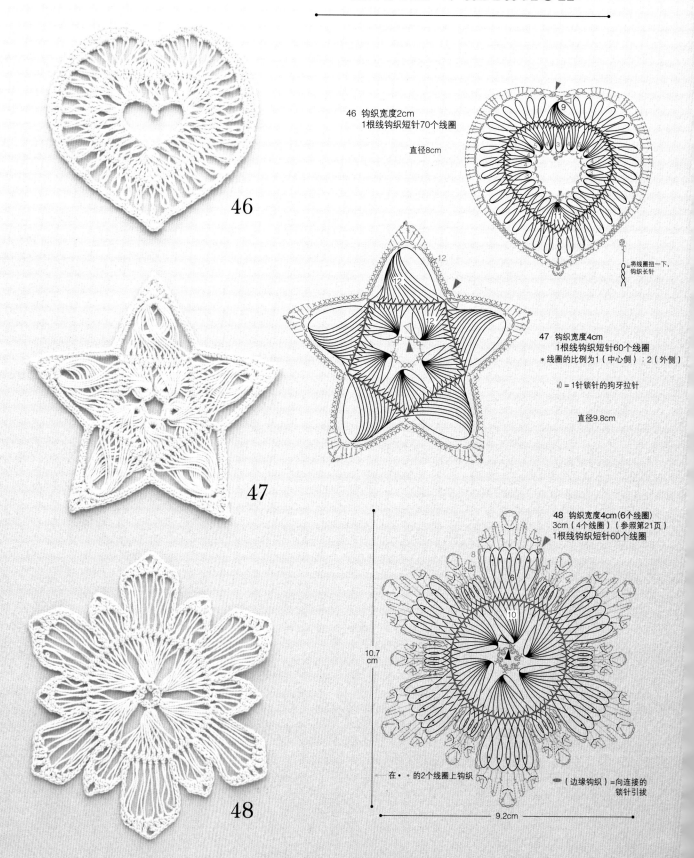

46

47

48

46 钩织宽度2cm
1根线钩织短针70个线圈

直径8cm

= 将线圈扭一下，
钩织长针

47 钩织宽度4cm
1根线钩织短针60个线圈
* 线圈的比例为1（中心侧）：2（外侧）

◦0 = 1针锁针的狗牙拉针

直径9.8cm

48 钩织宽度4cm（6个线圈）
3cm（4个线圈）（参照第21页）
1根线钩织短针60个线圈

10.7
cm

9.2cm

在 •• 的2个线圈上钩织

（边缘钩织）=向连接的
锁针引拔

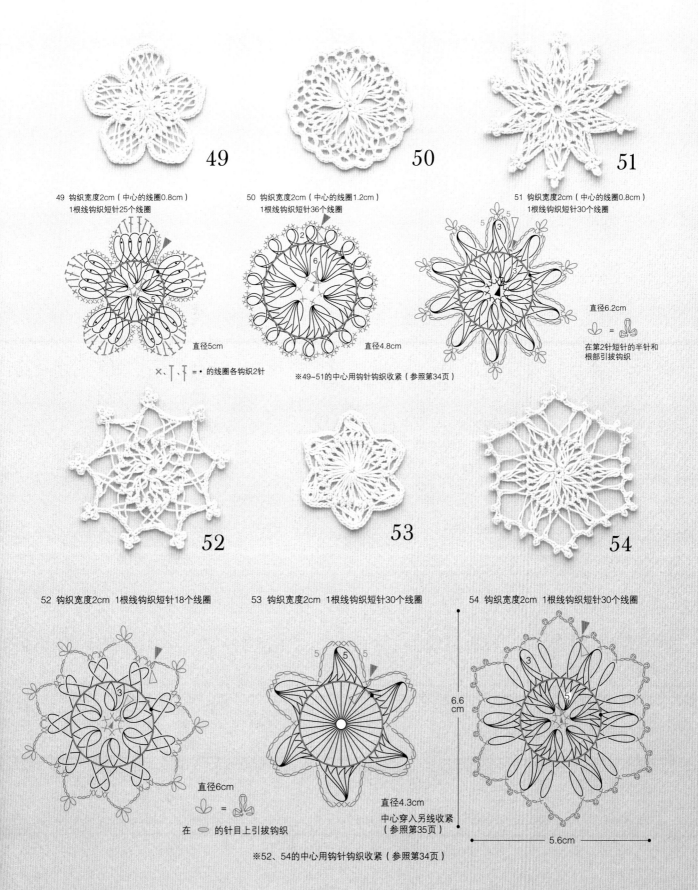

49 钩织宽度2cm（中心的线圈0.8cm）
1根线钩织短针25个线圈

50 钩织宽度2cm（中心的线圈1.2cm）
1根线钩织短针36个线圈

51 钩织宽度2cm（中心的线圈0.8cm）
1根线钩织短针30个线圈

直径5cm

直径4.8cm

直径6.2cm

在第2针短针的半针和
根部引拔钩织

×、↑、↑ = • 的线圈各钩织2针

※49~51的中心用钩针钩织收紧（参照第34页）

52 钩织宽度2cm 1根线钩织短针18个线圈

53 钩织宽度2cm 1根线钩织短针30个线圈

54 钩织宽度2cm 1根线钩织短针30个线圈

6.6
cm

5.6cm

直径6cm

在 ◯ 的针目上引拔钩织

直径4.3cm
中心穿入另线收紧
（参照第35页）

※52、54的中心用钩针钩织收紧（参照第34页）

33

Point Lesson　圆形花片的组合方法

〈 **41**　第30页 〉

● 饰带连接成环形 ●　★连接编织起点和编织终点

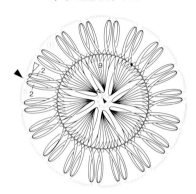

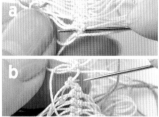

1　编织起点的线穿入手缝针，穿过边上的针目（a）穿过针目（b）。

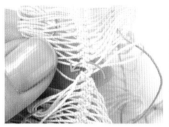

2　穿针后的样子。

3　穿针于步骤2箭头的针目中。

● 中心的组合方法（用钩针钩织收紧）●

4　挑起三、四根斜着的渡线，剪断线头的边缘。

5　以饰带的连接针目为中心，向左右分开挑9个线圈，使饰带的连接针目（☆处）不明显。

6　接线。

7　立织1针锁针、钩织1针短针。

● 外侧的组合方法 ●

8　挑起下一个9个线圈，钩织1针短针。

9　9个线圈一组用短针组合72个线圈。

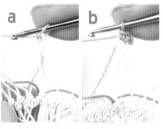

10　以连接处为中心，从左、右分别挑起1个线圈，使饰带的连接针目不明显（a）。立织1针锁针、1针短针（b）。

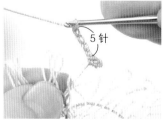

11　钩织5针锁针。

Point Lesson　边缘编织的挑针方法和钩织方法

12 "下2个线圈钩织1针短针"，再重复1次。

13 重复步骤11、12，在最后的2个线圈上钩织1针短针。

14 最初的短针引拔固定。

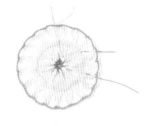

15 中心、外侧的组合完成。

●锁针的线头的处理●

16 挑起二、三针锁针的里山，剪断线头的边缘。

●作品的定型方法●

1 作品的反面朝上，放在熨烫台上，用珠针固定中心和外侧。珠针倾斜固定，方便熨烫。

2 用蒸汽熨斗熨烫，散热后拔掉珠针。

〈 **42** 第30页 〉

●中心的组合方法（穿入另线收紧）●

1 从连接饰带的位置（☆处）移开几个线圈，穿入另线。

2 手缝针穿入 ☆ 的线头，接着挑起双重线圈。

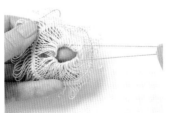

3 缓缓收紧线头，以防饰带的线圈弄乱。

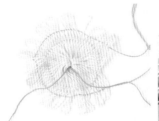

4 线头系紧。

5 针穿入组合完成的线圈，剪掉线头。

Fashion And Accessories

时尚小物和小杂货

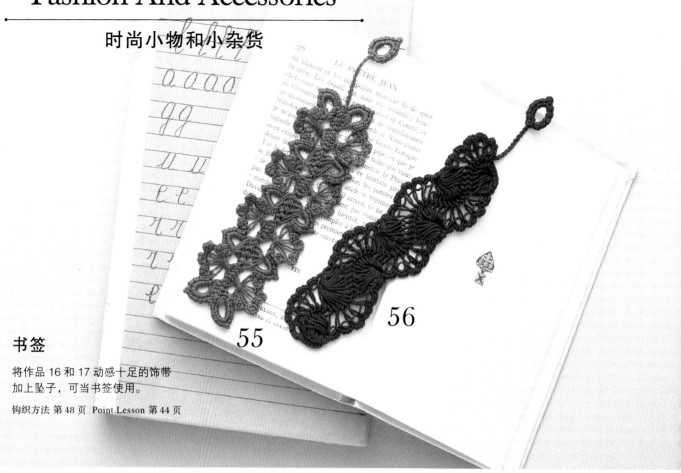

55

56

书签

将作品 16 和 17 动感十足的饰带
加上坠子，可当书签使用。

钩织方法 第 48 页　Point Lesson 第 44 页

57

58

手链

将作品 14 和 18 的华丽饰带，
用金银线钩织成手链。

钩织方法 第 48 页

59

60

61

发圈

荷叶边发圈，
衬托出花式纱线的美感。
将扁松紧带穿入饰带的中心，
最后连接成圆形。

钩织方法 第49页 Point Lesson 第44、45页

腰带

按照尺寸钩织作品 22 的饰带，
再将皮革绳穿入饰带，
就成为一款优雅、可爱的腰带。

钩织方法 第 60 页

62

台心布和杯垫

用作品 46 的甜美心形花片连接而成的台心布，
中间用方形花片填充，
再搭配心形杯垫一起使用。

钩织方法 第 60 页 Point Lesson 第 46 页

64

63

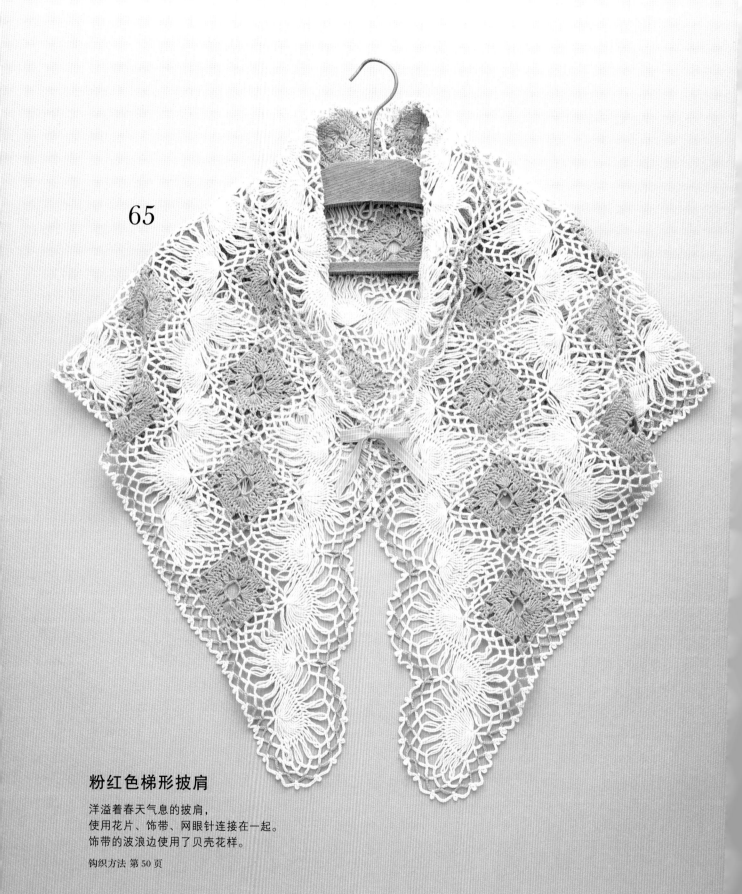

65

粉红色梯形披肩

洋溢着春天气息的披肩，
使用花片、饰带、网眼针连接在一起。
饰带的波浪边使用了贝壳花样。

钩织方法 第50页

66

海军蓝色梯形披肩

用深邃的海军蓝色线钩织，
用三叶草饰带连接饰边的春款披肩。
这种花费心思的连接方法让披肩更显纤细华丽。

钩织方法 第52页

单肩包

这款清新淡雅的包包在原白色的基础上
加入了薄荷绿色和黄色的线条，
饰带使用第 22、23 页介绍的连接方法。

钩织方法 第 54 页 Point Lesson 第 46 页

67

圆底包

这是一款色彩绚丽的可爱圆底包。
立体的花朵花片从方形花片上面开始钩织。

钩织方法 第56页 Point Lesson 第46页

68

Point Lesson 时尚小物和小杂货的重点教程

〈 书签 56 第36页 〉

● 绳子（左右结）的钩织方法 ●　★固定织片，打结更容易

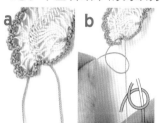 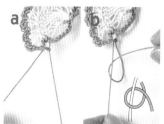  

1 剪 20cm 长的线穿入织片（a）。左线缠绕于右线（b）。

2 拉出右线不动，再拉出左线（a）。右线缠绕于左线（b）。

3 拉出左线不动，再拉出右线。此为 1 次（左右结 1 针）。

4 重复步骤 1、2，打 10 次结（左右结 10 针）。

〈 发圈 59 第37页 〉

● 扁松紧带的穿法 ●

 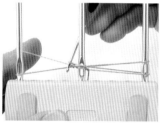 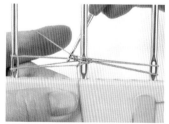 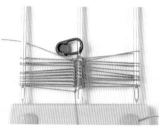

1 编织器设定为 8cm 宽，中央的针的左侧 2 根线钩织 1 针短针，编织器按顺时针方向转动半圈。

2 在中央的针的左侧 2 根线钩织 1 针短针，编织器按顺时针方向转动半圈。

3 在中央的针的左侧 2 根线钩织 1 针短针，编织器按顺时针方向转动半圈。

4 重复步骤 2、3，钩织 10 个线圈，穿入行数环固定于中心的针目。

5 扁松紧带穿入中央的针鼻儿内。

6 取出中央的针，扁松紧带穿入织片。

7 织片置于前侧，重新插入针。

8 取下行数环，中心的针目移动至钩针，编织器按顺时针方向转动半圈，2 根线钩织 1 针短针。

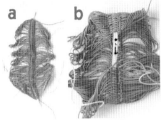

a **b**

9 按步骤 4~8 的要领，10 个线圈一组将扁松紧带穿入中央的织片，钩织 70 个线圈（a），扁松紧带重叠 1cm 后缝合（b）。

● 连接饰带的钩织起点和钩织终点 ●

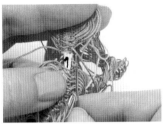

1 手缝针穿入编织起点的线，在编织终点上的针目开始挑针缝合。

2 缝合终点的线头穿入端部的针目 1~2cm，剪断线头。

● 边缘编织的编织方法 ●

1 在 1 个线圈上接线。

2 钩织 1 针短针、3 针锁针。

3 跳过 1 个线圈，在第 3 个线圈中钩织 2 针短针、3 针锁针。

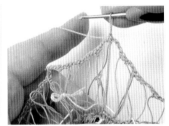

4 重复步骤 3，钩织最后的线圈的 3 针锁针，接线的线圈侧钩织 1 针短针，在编织起点的短针上引拔。

5 隔开 1 个线圈钩织，完成整圈边缘编织。

〈 发圈 60、61 第 37 页 〉

● 边缘编织的钩织方法 ●

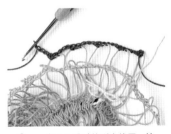

6 步骤 3 跳过的剩余线圈，按 2 针短针、3 针锁针同样钩织整圈。另一侧的线圈也同样钩织。

1 接线于后侧的 2 个线圈，立织 1 针锁针、"1 针短针、3 针锁针"。

2 挑起前侧的 2 个线圈，按照步骤 1 引号内做法钩织。

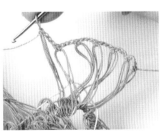

3 交替挑起后侧的线圈、前侧的线圈，"1 针短针、3 针锁针"钩织整圈。

Point Lesson

〈 台心布 63 第 39 页 〉
● 花片的缝合方法 ●

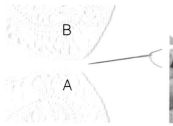   

1 花片 A、B 均看着反面缝合。钩针插入花片的短针的反面的底部，缝合。

2 钩针插入花片 A 的短针的反面（a）。插入花片 B 的短针的反面（b）。

3 重复步骤 1、2，缝合。

4 从正面看到的样子。注意线的松紧度，隐藏缝合线，织片平整。

〈 单肩包 67 第 42 页 〉
● 花形纽扣的制作方法 ●

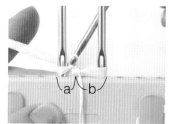   

1 编织器设定为 2cm 宽，用左侧针的边缘钩织短针，改变 a、b 线圈的长度。按 1 根线钩织 1 针短针，钩织 40 个线圈。

2 共线穿入线圈 a。

3 拉出共线，收紧中心。

4 压住底部，缠绕（a）。针按十字形穿入底部（b）。

〈 圆底包 68 第 43 页 〉
● 制作基础花片（方形）和花朵花片 ●

   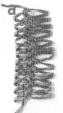

5 花形纽扣完成。用剩余的线头缝在包体上。

1 编织器设定为 3cm 宽，用左侧针的边缘钩织短针，改变 a、b 线圈的长度。按 1 根线钩织 1 针短针，钩织 24 个线圈。

2 连接饰带，中心用钩针组合，外侧钩织边缘编织，制作基础花片（方形）。

3 同花片编织器设定一致，按 1 根线钩织 1 针短针，钩织 12 个线圈（a），参照第 34 页，连接编织起点和编织终点（b）。

● 花朵花片钩织连接于基础花片 ●

 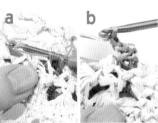  

4 从基础花片的反面［制作基础花片（方形）和花朵花片的步骤 2 的●处］出针，花朵花片的线圈 a 挂于 3 个线圈针头引拔。

5 共线挂于针头（a），引拔接线，立织 1 针锁针（b）、钩织"1 针短针、1 针锁针"。

6 再重复 3 次步骤 4 和步骤 5 引号内的做法，编织终点引拔固定于最初的短针的头部。

7 花朵花片钩织接合完成。

● 花朵花片的边缘编织 ●

 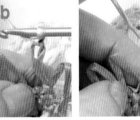 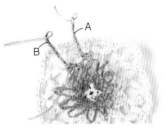 

8 钩针插入扭转 1 次的线圈中，拉出 A 线（a），针上挂线引拔，接线（b）。

9 立织 1 针锁针、钩织 2 针短针。

10 接着，钩织 6 针锁针，钩针从针目松开，休针。参照步骤 8、9，下个线圈接 B 线，钩织 2 针短针、6 针锁针，钩针从针目松开，休针。

11 钩针穿入 A 针目，B 针目压向前侧，在下个线圈上钩织 2 针短针、6 针锁针，休针。

   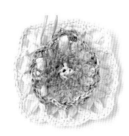

12 钩针穿入 B 针目，A 针目压向前侧，在下个针目上钩织 2 针短针、6 针锁针，休针。

13 重复步骤 11、12 钩织整圈，A 针目引拔于最初的短针的头部。

14 B 针目从 A 针目的上方引拔于最初的短针的头部。

15 边缘编织完成。

55、56

书签

第 36 页

Point Lesson 第 44 页

● 材料与工具

[线]

作品 55/Olympus Emmy Grande 红褐色（778）…
2g

作品 56/Olympus Emmy Grande 褐色（739）…2g

[工具]

通用 / 发卡蕾丝编织器、蕾丝钩针 0 号

[成品尺寸]

参照图示

55　钩织宽度3cm 2根线钩织1针短针46个线圈

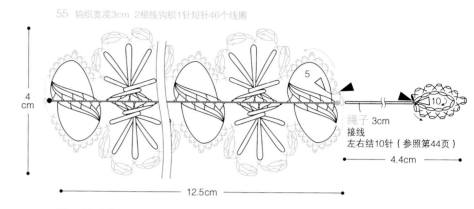

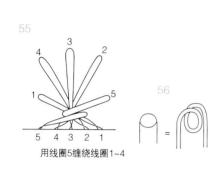

56　钩织宽度3cm 1根线钩织1针短针59个线圈

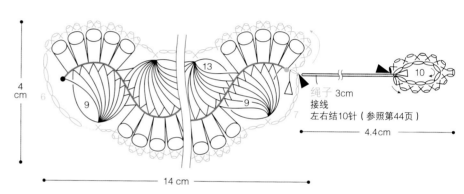

57、58

手链

第 36 页

● 材料与工具

[线]

作品 57/DARUMA 线 金属蕾丝线 30 号 金色（2）…
1g

作品 58/DARUMA 线 金属蕾丝线 30 号 银色（1）…
1g

[工具]

通用 / 发卡蕾丝编织器、蕾丝钩针 2 号

[其他]

手链用金属配件

[成品尺寸]

参照图示

57　钩织宽度3cm 1根线钩织1针短针50个线圈

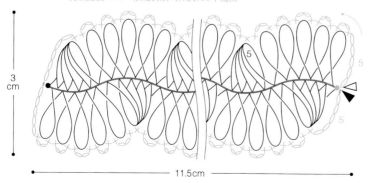

58　钩织宽度2cm 1根线钩织1针短针56个线圈

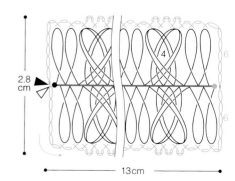

59、60、61
发圈

第 37 页
Point Lesson 第 44 页

● 材料与工具

[线]
作品 59/ 和麻纳卡 Tharia 粉红色（6）…8g
作品 60/ 和麻纳卡 Aprico Lame 海军蓝色（111）…
6g
作品 61/ 和麻纳卡 Email 金色（2）…6g

[工具]
通用 / 发卡蕾丝编织器、钩针 5/0 号（作品 59、
61） 4/0 号（作品 60）
[成品尺寸]
参照图示

钩织方法
1
编织器设定为8cm宽，穿入扁松紧带（参照第44页），钩织饰带。
2
扁松紧带缝合成环形，处理饰带端部的线头。
作品59
在线圈①上接线，在线圈①~㉟上分别钩织2针短针、3针锁针，连
接起来。下一个线圈①~㉟也同样钩织2针短针、3针锁针。另一侧
的线圈做同样组合。
作品60
织片1背面相对对折，接线于线圈1，按①~⑧的顺序钩织1针短针、
3针锁针钩织整圈。
作品61
织片背面相对对折，A线圈穿入B线圈，按a~d的顺序挑起线圈，钩
织3针短针、3针锁针钩织整圈。

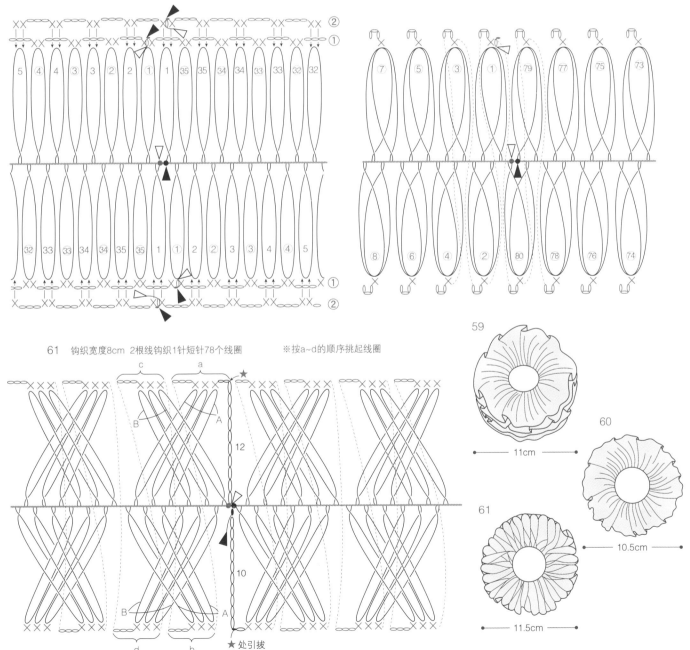

59 钩织宽度8cm 2根线钩织1针短针70个线圈

60 钩织宽度8cm 2根线钩织1针短针80个线圈

61 钩织宽度8cm 2根线钩织1针短针78个线圈 ※按a~d的顺序挑起线圈

★处引拔

59 11cm
60 10.5cm
61 11.5cm

65
粉红色梯形披肩

第 40 页

●材料与工具

[线]
DARUMA 线 棉和麻 Raji 浅灰色（6）、深粉红
色（12）…各70g，浅粉红色（3）…50g

[工具]
发卡蕾丝编织器、蕾丝钩针 0 号

[成品尺寸]
参照图示

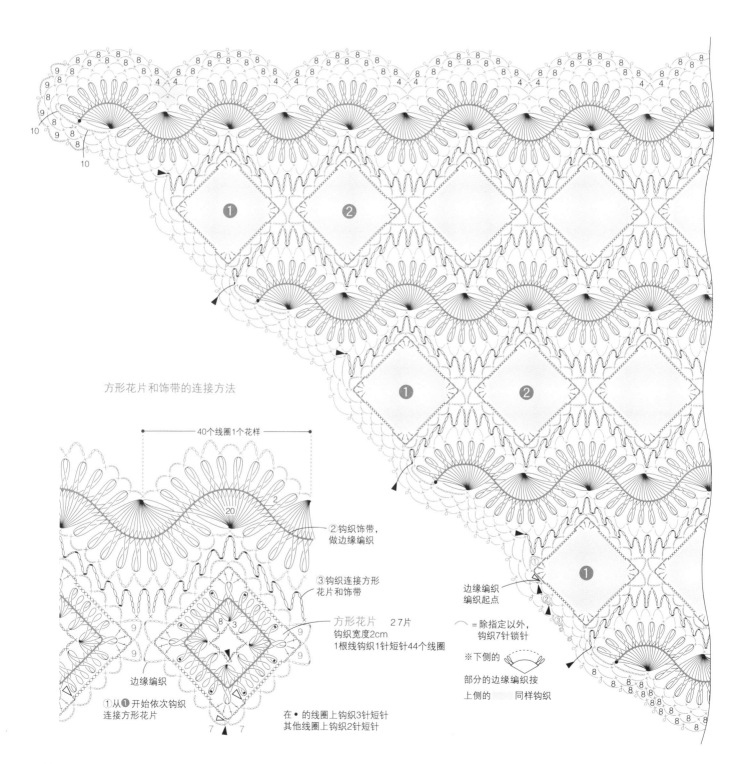

方形花片和饰带的连接方法

40个线圈1个花样

②钩织饰带，
做边缘编织

③钩织连接方形
花片和饰带

方形花片 27片
钩织宽度2cm
1根线钩织1针短针44个线圈

边缘编织

①从❶开始依次钩织
连接方形花片

在●的线圈上钩织3针短针
其他线圈上钩织2针短针

边缘编织
编织起点

⌒ = 除指定以外，
钩织7针锁针

※下侧的

部分的边缘编织按

上侧的　　同样钩织

钩织方法
1
方形花片按2cm宽设定编织器，1根线钩织1针短针，钩织27根、44个线圈的饰带。
2
连接步骤1钩织的饰带的编织起点和编织终点（参照第34页），用钩针连接成方形。周围钩织边缘编织，按❶~❻、❶~❾、❶~⓬的顺序钩织连接指定的片数。
3
饰带①~④按4cm宽设定编织器，钩织对应的线圈数量，用钩针组合。
4
同饰带钩织连接的方形花片，用浅灰色的线钩织网眼针连接。
5
四周钩织3行边缘编织。

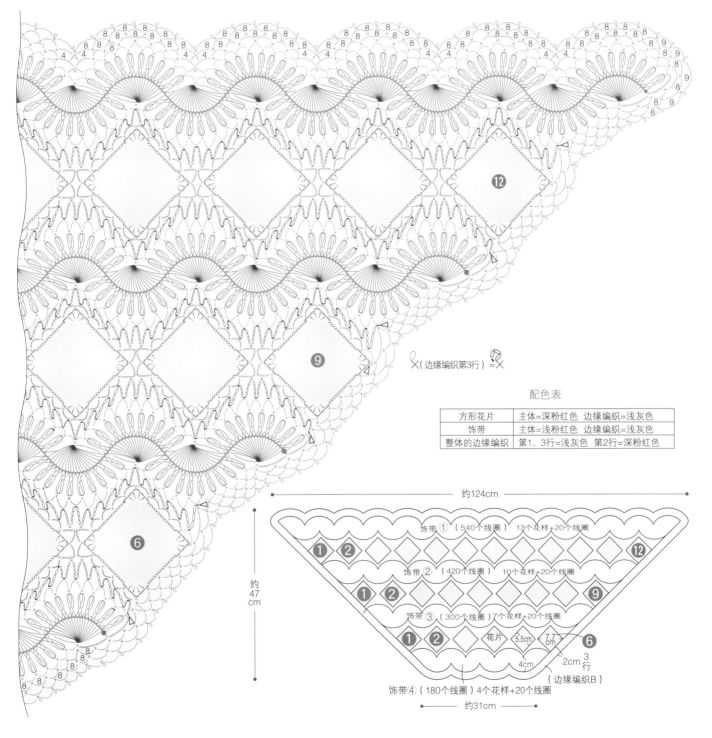

⨯（边缘编织第3行）= ⨯

配色表

方形花片	主体=深粉红色	边缘编织=浅灰色
饰带	主体=浅粉红色	边缘编织=浅灰色
整体的边缘编织	第1、3行=浅灰色	第2行=深粉红色

约124cm

约47cm

饰带①（540个线圈）13个花样+20个线圈
饰带②（420个线圈）10个花样+20个线圈
饰带③（300个线圈）7个花样+20个线圈
花片 5.5cm 7.7cm
4cm
2cm 3行
（边缘编织B）
饰带④（180个线圈）4个花样+20个线圈

约31cm

66
海军蓝色梯形披肩

第41页

●材料与工具

[线]
DARUMA 线 棉和麻 Raji 海军蓝色（9）…
160g
[工具]
发卡蕾丝编织器、蕾丝钩针 0 号

[成品尺寸]
参照图示

钩织方法
1
按5cm宽设定编织器，饰带❶用1根线钩织1针短针（参照第15页）
钩织364个线圈。
不断线，从编织器松开线圈，用钩针钩织边缘编织，进行组合。
2
饰带❷～❻同饰带❶钩织同样数量的线圈。
饰带❷～❺钩织边缘编织时，挑起饰带正中央的线圈，整段引拔
钩织连接。
3
接饰带❻的边缘编织，整体钩织2行边缘编织。

饰带的钩织方法

= 引拔针挑起短针的头部半针
　　和根部1根线钩织

饰带的钩织连接方法

= 整段挑起5针锁针的线圈，
　　钩织引拔针连接

编织花样的钩织方法

= 钩针插入线圈，
　　顺时针扭转1次，
　　钩织短针
　　（参照第20页）

（边缘编织B的第1、2行）=第1行钩织5针锁针，
　　　　　　　　　　　　第2行钩织4针锁针

边缘编织B
编织起点

边缘编织A
编织起点

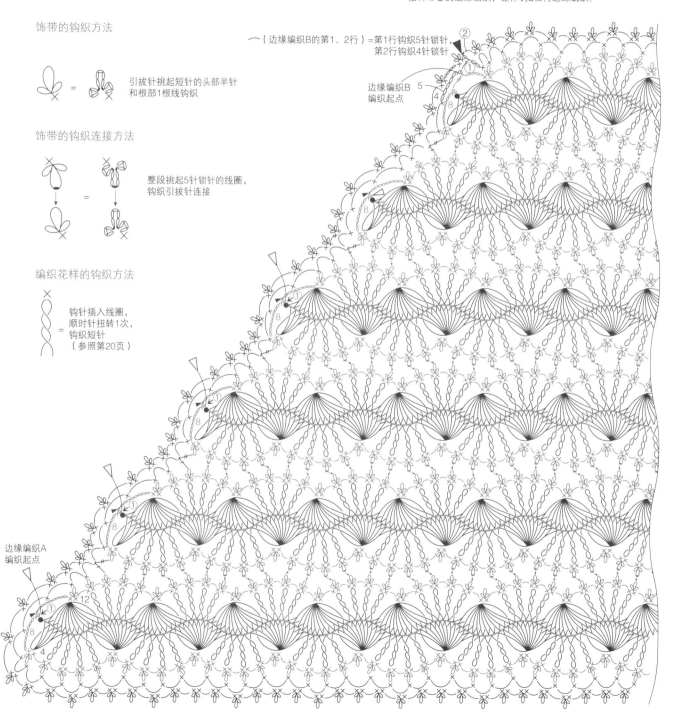

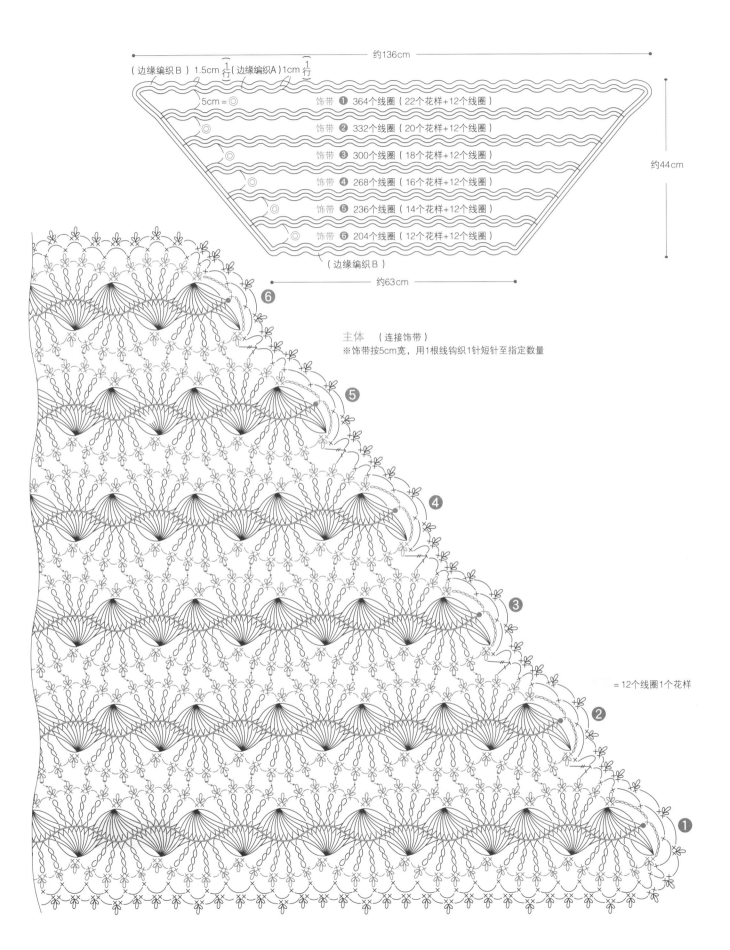

约136cm

（边缘编织B）1.5cm 1行（边缘编织A）1cm 1行

5cm = ◎

约44cm

饰带 ❶ 364个线圈（22个花样+12个线圈）

饰带 ❷ 332个线圈（20个花样+12个线圈）

饰带 ❸ 300个线圈（18个花样+12个线圈）

饰带 ❹ 268个线圈（16个花样+12个线圈）

饰带 ❺ 236个线圈（14个花样+12个线圈）

饰带 ❻ 204个线圈（12个花样+12个线圈）

（边缘编织B）

约63cm

主体 （连接饰带）
※饰带按5cm宽，用1根线钩织1针短针至指定数量

= 12个线圈1个花样

67

单肩包

第 42 页
Point Lesson 第 46 页

● 材料与工具

[线]
和麻纳卡 ECO Andaria 原白色（168）…60g，
黄色（19）、薄荷绿色（68）…各20g
[工具]
发卡蕾丝编织器、钩针 5/0、6/0 号
[成品尺寸]
参照图示

钩织方法
1
主体按1根线钩织1针短针，用原白色线钩织6根51个线圈的饰带，
用薄荷绿色线及黄色线各钩织2根。按❶～❹的顺序引拔连接各线圈。
2
侧片、底、提手钩织6针锁针起针，线头挂于编织器的右针，钩织1行短针。
第2行开始转动编织器，两端制作线圈（参照下图）。
★处正面相对对齐，用6/0号钩针钩6针引拔针接合。
3
花形纽扣用原白色线，按1根线钩织1针短针钩织40个线圈的饰带，参照第46页进行组合。
4
钩织纽襻、拉伸用的绳子和花形纽扣。
5
侧片、底、提手的侧片、底部正面相对重合于主体，从侧片、底的线圈和主体的线圈（织
片）挑针，编织短针接合。
6
接合提手部分的线圈，接合花形纽扣用来连接织片、花形纽扣、纽襻、拉伸绳子。

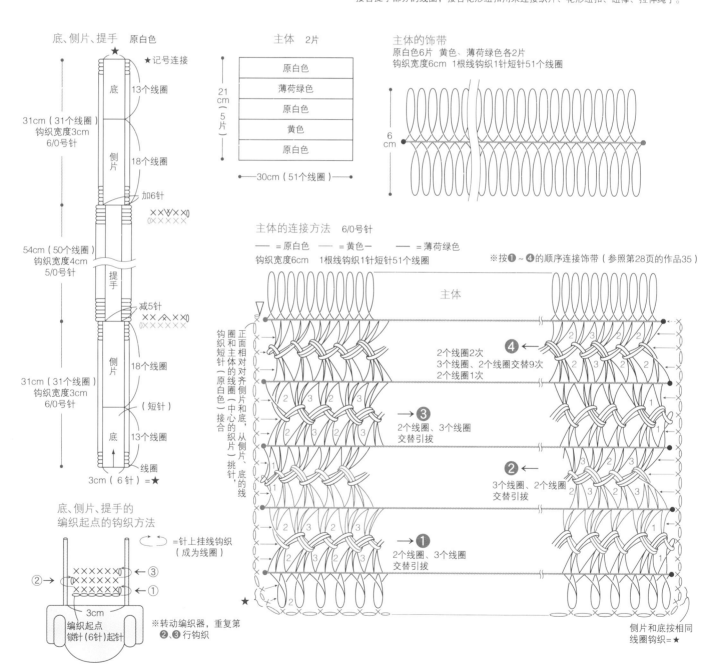

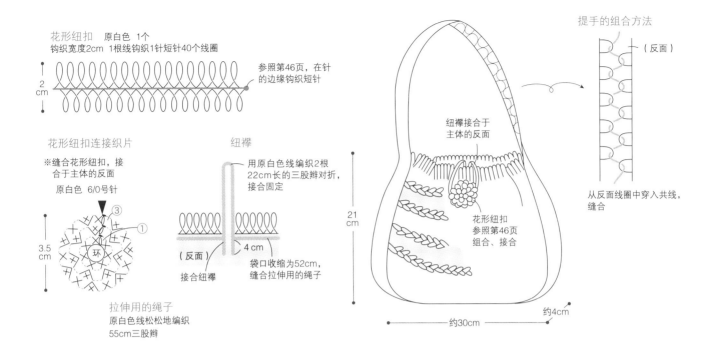

花形纽扣　原白色　1个
钩织宽度2cm　1根线钩织1针短针40个线圈

2 cm

参照第46页, 在针的边缘钩织短针

花形纽扣连接织片

※缝合花形纽扣, 接合于主体的反面
原白色　6/0号针

③
①

3.5 cm

环

拉伸用的绳子
原白色线松松地编织
55cm三股辫

纽襻

用原白色线编织2根22cm长的三股辫对折, 接合固定

（反面）

4 cm

袋口收缩为52cm, 缝合拉伸用的绳子

接合纽襻

提手的组合方法

（反面）

从反面线圈中穿入共线, 缝合

纽襻接合于主体的反面

花形纽扣
参照第46页组合、接合

21 cm

约4cm

约30cm

1~8

作品1~4…第4页、作品5~8…第5页

●材料与工具
[线]
通用/DMC Cebelia 10号　灰米色（3033）…各少量
[工具]
通用/发卡蕾丝编织器、蕾丝钩针2号

9~13

第6页

●材料与工具
[线]
通用/DMC Cebelia 10号　灰米色（3033）…各少量
[工具]
通用/发卡蕾丝编织器、蕾丝钩针2号

14~23

作品14~18…第7页、作品19~23…第8页

●材料与工具
[线]
通用/DMC Cebelia 10号　原白色（ECRU）、灰褐色（842）…各少量
[工具]
通用/发卡蕾丝编织器、蕾丝钩针2号

24~31

作品24~27…第9页、作品28~31…第10、11页

●材料与工具
[线]
作品24~27/DMC Cebelia 10号　原白色（ECRU）、灰褐色（842）…各少量
作品28~31/DMC Cebelia 10号　原白色（712）…作品28为4g, 作品29为5g, 作品30、31均为3g
[工具]
通用/发卡蕾丝编织器、蕾丝钩针2号

40~45

作品40~42…第30页、作品43~45…第31页

●材料与工具
[线]
作品40、42、43、44/DMC Cebelia 10号　原白色（ECRU）、灰褐色（842）…各1g
作品41、45/DMC Cebelia 10号　原白色（ECRU）…各2g
[工具]
通用/发卡蕾丝编织器、蕾丝钩针2号

46~54

作品46~48…第32页、作品49~54…第33页

●材料与工具
[线]
通用/DMC Cebelia 10号　灰米色（3033）…作品46为2g, 作品47、48均为3g, 作品49~54为少量
[工具]
通用/发卡蕾丝编织器、蕾丝钩针2号

68
圆底包

第43页
Point Lesson 第46页

●**材料与工具**

[线]
和麻纳卡 ECO Andaria　红色（7）…70g、深蓝色（72）…60g、白色（1）…30g

[工具]
发卡蕾丝编织器、钩针6/0号

[成品尺寸]
参照图示

钩织方法

1
基础花片、花朵花片的饰带各钩织12片，钩织2片侧片和底的饰带，钩织4片提手的饰带。

2
组合基础花片、花朵花片，花朵花片钩织连接于基础花片（参照第47页）。

3
重合2片提手，四周钩织1行边缘编织。共制作2根。

4
侧片四周钩织边缘编织。

5
按❶～❸的顺序6片一组钩织连接基础花片，制作主体。

6
主体、侧片和底部反面相对对齐，钩织缝合短针的头部内侧半针。

7
包口处钩织2行边缘编织，接合提手。

花片的配色

	基础花片	花朵花片		片数
		饰带	网眼针	
A	红色	深蓝色	━ =深蓝色　── =白色	6
B	深蓝色	红色	━ =红色　── =白色	6

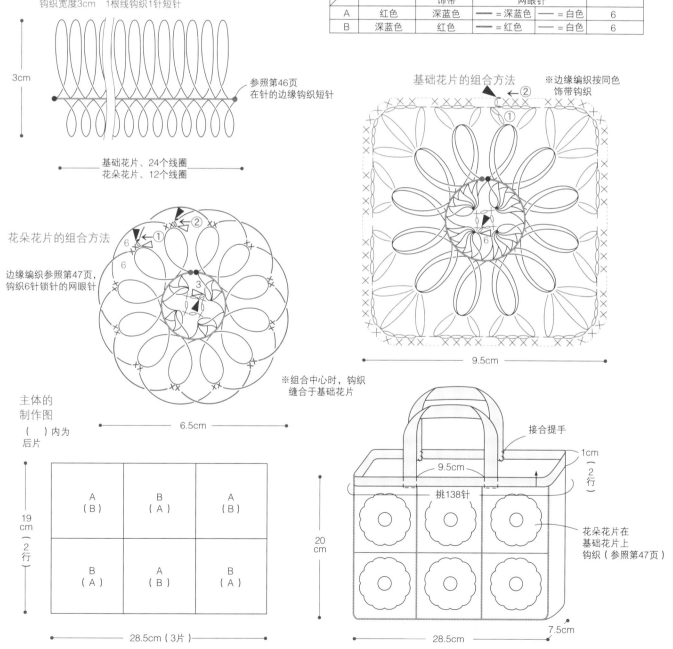

基础花片、花朵花片　※配色和片数参照右表

钩织宽度3cm　1根线钩织1针短针

3cm

参照第46页
在针的边缘钩织短针

基础花片、24个线圈
花朵花片、12个线圈

基础花片的组合方法

※边缘编织按同色饰带钩织

9.5cm

花朵花片的组合方法

边缘编织参照第47页，钩织6针锁针的网眼针

※组合中心时，钩织缝合于基础花片

6.5cm

主体的制作图

（　）内为后片

19cm（2行）

A (B)	B (A)	A (B)
B (A)	A (B)	B (A)

28.5cm（3片）

接合提手

1cm（2行）

9.5cm

挑138针

20cm

花朵花片在基础花片上钩织（参照第47页）

28.5cm

7.5cm

花片的连接方法、边缘编织的挑针方法

※按❶~❻的顺序连接
①花片反面对齐，——线部分的针目，挑起内侧半针，用白色线连接（共51针）❶的短针。
②花片反面对齐，——线部分的针目，挑起内侧半针，用白色线连接（各32针）❷、❸的短针。
③主体、侧片和包底反面对齐，挑起内侧半针，用白色线接合❹的短针（×）。
④主体的上侧钩织2行边缘编织连接（第❺、❻行）

○ = 边缘编织
白色

侧片和底部

只向主体引拔

— = 深蓝色
— = 红色

侧片和底部的组合方法

2个线圈
最后引拔1组引拔
57次，

最后引拔
3个线圈

侧片和底部　红色和深蓝色　各1片
钩织宽度4cm
1根线钩织1针短针117个线圈

3cm

1cm

参照第46页
在针的边缘
钩织短针

63cm

饰带　红色　4片
钩织宽度2cm　1根线钩织1针短针46个线圈
※边缘编织重合2片饰带钩织

提手　2根

边缘
编织

2.8
cm

1cm

1cm

白色

30cm

0.4cm

0.4cm

7.5cm

※红色线最后的引拔针用深蓝色线钩织边缘编织并引拔

32

第 22 页 Point Lesson 第 24 页

● **材料与工具**

[线] DMC Cebelia 10 号 褐色（437）、原白色（ECRU）…各少量
[工具] 发卡蕾丝编织器、蕾丝钩针 2 号

钩织宽度5cm   1根线钩织1针短针

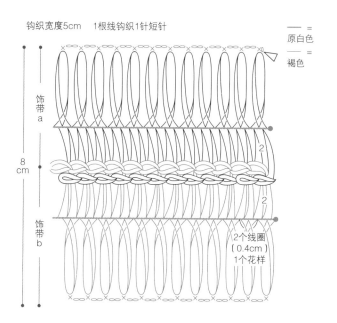

— = 原白色
— = 褐色

饰带a
8 cm
饰带b

2
2

2个线圈
（0.4cm）
1个花样

33

第 22 页 Point Lesson 第 24 页

● **材料与工具**

[线] DMC Cebelia 10 号 褐色（437）、原白色（ECRU）…各少量
[工具] 发卡蕾丝编织器、蕾丝钩针 2 号

钩织宽度4cm   1根线钩织1针短针

— = 原白色
— = 褐色

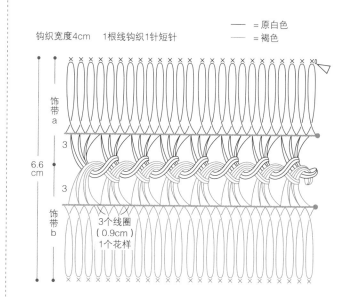

饰带a
6.6 cm
饰带b

3
3

3个线圈
（0.9cm）
1个花样

34

第 22 页 Point Lesson 第 25 页

● **材料与工具**

[线] DMC Cebelia 10 号 褐色（437）、原白色（ECRU）…各少量
[工具] 发卡蕾丝编织器、蕾丝钩针 2 号

钩织宽度6 cm   1根线钩织1针短针

— = 原白色
— = 褐色

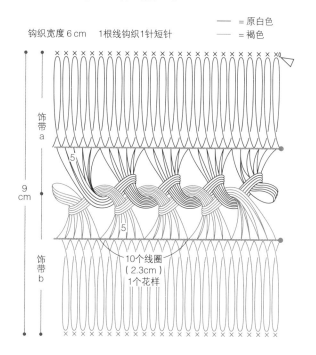

饰带a
9 cm
饰带b

5
5

10个线圈
（2.3cm）
1个花样

35

第 22 页 Point Lesson 第 28 页

● **材料与工具**

[线] DMC Cebelia 10 号 褐色（437）、原白色（ECRU）…各少量
[工具] 发卡蕾丝编织器、蕾丝钩针 2 号

钩织宽度5 cm   1根线钩织1针短针

— = 原白色
— = 褐色

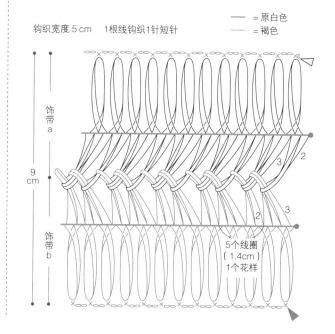

饰带a
9 cm
饰带b

3
2
2
3

5个线圈
（1.4cm）
1个花样

36

第 23 页　Point Lesson 第 29 页

● 材料与工具

［线］DMC Cebelia 10 号　褐色（437）、原白色（ECRU）…各少量

［工具］发卡蕾丝编织器、蕾丝钩针 2 号

钩织宽度 4 cm　1根线钩织1针短针
线圈B穿入线圈A中交叉

　　　— ＝原白色
　　　— ＝褐色

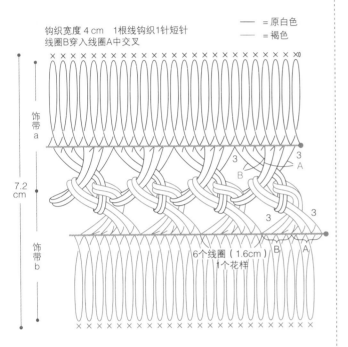

7.2 cm

饰带 a

饰带 b

6个线圈（1.6cm）
1个花样

37

第 23 页　Point Lesson 第 26 页

● 材料与工具

［线］DMC Cebelia 10 号　褐色（437）、原白色（ECRU）…各少量

［工具］发卡蕾丝编织器、蕾丝钩针 2 号

钩织宽度5cm　1根线钩织1针短针

　　　— ＝原白色
　　　— ＝褐色

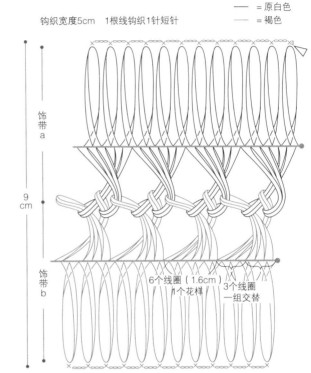

9 cm

饰带 a

饰带 b

6个线圈（1.6cm）
1个花样

3个线圈
一组交替

38

第 23 页　Point Lesson 第 26 页

● 材料与工具

［线］DMC Cebelia 10 号　褐色（437）、原白色（ECRU）…各少量

［工具］发卡蕾丝编织器、蕾丝钩针 2 号

钩织宽度5cm　1根线钩织1针短针
线圈B穿入线圈A中交叉

　　　— ＝原白色
　　　— ＝褐色

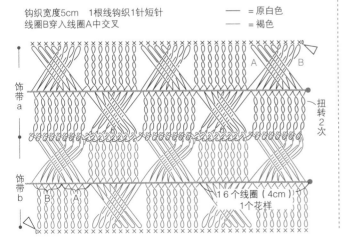

饰带 a

饰带 b

扭转
2次

16个线圈（4cm）
1个花样

39

第 23 页　Point Lesson 第 28 页

● 材料与工具

［线］DMC Cebelia 10 号　褐色（437）、原白色（ECRU）…各少量

［工具］发卡蕾丝编织器、蕾丝钩针 2 号

钩织宽度4cm（线圈A）的6个线圈和5cm（线圈B）的9个
线圈交替钩织（参照第21页）　1根线钩织1针短针

　　　— ＝原白色
　　　— ＝褐色

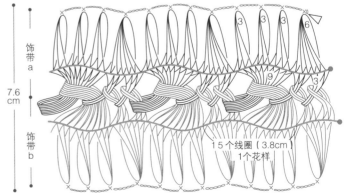

7.6 cm

饰带 a

饰带 b

15个线圈（3.8cm）
1个花样

62

腰带

第 38 页
Point Lesson 第 19 页

● 材料与工具

[线]
DMC Cebelia 10 号 褐色（437）…20g

[其他] 宽 0.3cm 皮革绳…115cm 2 根
[工具]
发卡蕾丝编织器、蕾丝钩针 2 号
[成品尺寸]
参照图示

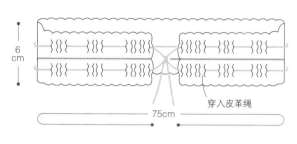

6 cm

75cm

穿入皮革绳

钩织宽度5cm 1根线钩织1针短针300个线圈

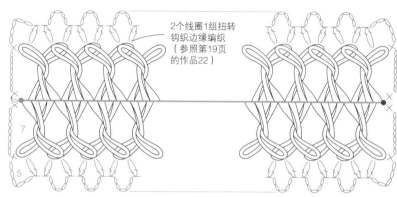

2个线圈1组扭转
钩织边缘编织
（参照第19页
的作品22）

7

5

63、64

台心布和杯垫

第 39 页 Point Lesson 第 46 页

● 材料与工具

[线] 作品 63 台心布 /Olympus Emmy Grande
原白色（851）…31g
作品 64（2 片用量）/ Olympus Emmy Grande
原白色（851）…7g

[工具]
通用 / 发卡蕾丝编织器、钩针 2/0 号
[成品尺寸]
参照图示

钩织方法
（台心布）
1
制作8片心形花片，制作1片方形花片。
2
环形连接饰带（参照第34页），钩织边缘编织，
组合线圈。参照制作图，在针目的反面挑针接合。

方形花片
钩织宽度2cm
1根线钩织1针短针40个线圈

10

5.4cm

心形花片
钩织宽度3cm
1根线钩织1针短针70个线圈

心形花片

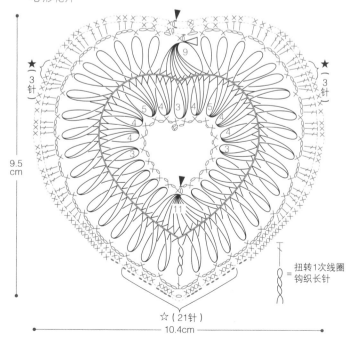

★
（3针）

★
（3针）

9.5 cm

10

9

5 4 3 3 4

3

4

3

11

= 扭转1次线圈
钩织长针

☆（21针）
10.4cm

台心布

缝合★记
号的针目

缝合心形的短针（○ 处）的后侧
半针和方形的锁针的里山（⌒）

25 cm

缝合☆记号的针目
（参照第46页）

43cm

Basic Lesson　钩针编织的基础

符号图的看法　符号图均以正面所看到的标记和日本工业规格（JIS）为标准。
钩针钩织不分上、下针（上拉针除外），即使是正、反面交替钩织的平针，
符号图也是相同的。

从中心钩织圆形时
在中心钩织圆环（或锁针），每一行都按圆形钩织。各行的起始处都进行立针钩织。基本上，看向织片的正面，按符号图从右至左钩织。

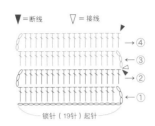

▼=断线　▽=接线

平针钩织时
左、右均有立织针目，右侧立织针目时，看向织片正面，按符号图从右至左钩织。左侧立织针目时，看向织片反面，按符号图从左至右钩织。图为第3行更换了配色线的符号图。

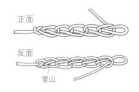

正面

反面

里山

锁针的看法
锁针分正、反面。反面中央的1根线为锁针的"里山"。

线和针的拿法

1 将线从左手小指和无名指之间穿过，绕过食指，线头拉至手前。

2 用拇指和中指捏住线头，立起食指撑起线。

3 用拇指和食指拿起钩针，中指轻轻贴着针头。

起针的方法

1 如箭头所示，针从线的后侧进入，并转动针头。

2 针头再次挂线。

3 穿过线圈，线拉至手前。

4 拉出线头，拉紧线圈，最初的起针完成（此针不算作第1针）。

环形起针

环

从中心钩织成圆形
（用线头做环）

 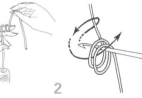  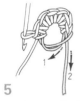 

1 左手的食指绕线2圈，绕成线环。

2 抽出手指，钩针穿入线环中，并将线拉至手前。

3 针头再次挂线，拉出线，立织1针锁针。

4 织第1圈时，将钩针插入中心，钩织所需针目的短针。

5 暂时将钩针抽出，将最初环形的线和线头抽出，收紧线圈。

6 钩至第1圈的末端，在最初的短针中插入钩针，引拔钩织。

从中心钩织成圆形
（锁针环形起针）

6

   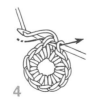

1 钩织所需针目的锁针，入针于初始锁针的半针中，并引拔。

2 针头挂线拉出，钩织立织的锁针。

3 织第1圈时，将钩针插入圆环中，锁针整段挑起，钩织所需针目的短针。

4 在第1圈的末端，入针于最初的短针的头部，挂线后引拔钩织。

平针钩织时

1 钩织所需数量的锁针，相当于立织的锁针的长度，入针于边端第2针的锁针里，挂线后将线拉出。

立织的1针锁针

2 针头挂线，按照箭头所示方向引拔。

3 第1圈钩织完成（立织的1针锁针不计入针数）。

上一行针目的挑针方法

 在同一针目织入

 整段挑起上一行的锁针进行钩织

1 **2**

1 **2**

即使是相同的枣形针，挑针方法也会因符号图而改变。符号图下方闭合时，表示在上一行的同一针目钩织，符号图下方打开时，表示整段挑起上一行的锁针进行钩织。

针法符号

 锁针

1
锁针起针，按箭头所示针头挂线。

2
针上挂线，拉出线圈。

3
同样方法重复步骤1、2进行钩织。

4
5针锁针完成。

 引拔针

1
在上一行的针目中入针。

2
针头挂线。

3
线一并引拔出。

4
1针引拔针完成。

 短针

1
在上一行的针目中入针。

2
针头挂线，线圈拉出至手前。

3
针头再次挂线，从2个线圈中一次引拔出。

4
1针短针完成。

 中长针

1
针头挂线，在上一行的针目中插入针。

2
针头再次挂线，拉出至手前（此状态为1针未完成的中长针）。

3
针头挂线，从3个线圈中一次引拔出。

4
1针中长针完成。

 长针

1
针头挂线，在上一行的针目中入针，再次挂线将线圈拉至手前。

2
如箭头所示，从2个线圈中引拔出（此状态为未完成的长针）。

3
针头再次挂线，如箭头所示，从余下的2个线圈中引拔出。

4
1针长针完成。

 3针锁针的狗牙拉针

1
钩织3针锁针。

2
在短针头部半针及根部1根线中入针。

3
针头挂线，从3个线圈中一次引拔出。

4
3针锁针的狗牙拉针完成。

 长长针 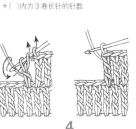 3卷长针　＊（）内为3卷长针的针数

1
针头绕线2圈（3圈），在上一行的针目中入针，挂线后将线圈拉至手前。

2
如箭头所示，针头挂线，从2个线圈中引拔出。

3
同步骤2的方法重复2次（3次）。

4
1针长长针（或3卷长针）完成。

⬨ 2针短针并1针

1
如箭头所示，在上一行的针目中入针，拉出线圈。

2
从下个针目开始，都是以同一方法，拉出线圈。

3
针头挂线，从3个线圈中一次引拔出。

4
2针短针并1针完成。比上一行减少1针。

⬥ 1针放2针短针　　　✕ 1针放3针短针

1
钩织1针短针。

2
在相同针目中再次入针，拉出线圈，钩织短针。

3
1针放2针短针完成。在相同针目上再钩织1针短针。

4
再钩织1针短针，1针放3针短针完成。比上一行增加2针。

⋀ 2针长针并1针

1
在上一行中入针钩织未完成的长针，如箭头所示插入下一针，将线拉出。

2
针头挂线，从2个线圈中引拔出，织第2针未完成的长针。

3
针头挂线，如箭头所示，从3个线圈中引拔出。

4
2针长针并1针完成。比上一行减少1针。

⋁ 1针放2针长针

1
在钩织1针长针的针目上，再次钩入1针长针。

2
针头挂线，从2个线圈中引拔出。

3
再次挂线，从余下的2个线圈中引拔出。

4
1针放2针长针完成。比上一行增加1针。

⬭ 3针长针的枣形针

※3针中长针的枣形针按步骤1钩织未完成的中长针（参照第62页）

1
在上一行的针目上钩织1针未完成的长针。

2
在相同针目入针，继续钩织2针未完成的长针。

3
针头挂线，从4个线圈中引拔出。

4
3针长针的枣形针完成。

✕ 短针的条纹针

1
看着每行的正面钩织。扭转钩织短针，引拔至最初的针目。

2
立织1针锁针，挑起上一行后侧半针，钩织短针。

3
同样按照步骤2的要领，继续钩织短针。

4
上一行的前侧半针呈现条纹状。完成第3行短针的条纹针。

北尾惠美子　EMIKO KITAO

日本蕾丝研究会"针之会"代表。1998 年以后，每隔三四年都会举办会员作品展。
2012 年 5 月，在德国弗里茨拉尔乡土博物馆举办"针之会蕾丝作品展"。
著有《小小的梭编蕾丝 100》《零基础学习梭边蕾丝》《第一次玩蕾丝　梭边蕾丝小饰品》（日本朝日新闻出版）、
《华丽的古典蕾丝、巴藤贝克蕾丝》《艺术编织孔斯特蕾丝》（日本宝库社出版）、《和巴藤贝克蕾丝在一起》针
之会会刊，等等，著书颇多。

基礎からよくわかる　カンタン！ヘアピンレース
Copyright ⓒ eandgcreates　2014
Original Japanese edition published by E&G CREATES.CO.,LTD
Chinese simplified character translation rights arranged with E&G CREATES.CO.,LTD
Through Shinwon Agency Beijing Office.
Chinese simplified character translation rights ⓒ 2019 by Henan Science & Technology Press Co.,Ltd.

图书在版编目（CIP）数据

北尾惠美子零基础发卡蕾丝编织/（日）北尾惠美子著；史海媛译. —郑
州：河南科学技术出版社, 2019.2
　ISBN 978-7-5349-9324-4

　Ⅰ. ①北… Ⅱ. ①北… ②史… Ⅲ. ①手工编织—图解 Ⅳ. ①TS935.5-64

中国版本图书馆CIP数据核字（2018）第198402号

出版发行：河南科学技术出版社
　　　　　地址：郑州市金水东路39号　　邮编：450016
　　　　　电话：（0371）65737028　　65788613
　　　　　网址：www.hnstp.cn
策划编辑：刘　欣
责任编辑：刘　瑞
责任校对：马晓灿
封面设计：张　伟
责任印制：张艳芳
印　　刷：河南新达彩印有限公司
经　　销：全国新华书店
开　　本：889 mm×1194 mm　1/16　印张：4　字数：120千字
版　　次：2019年2月第1版　2019年2月第1次印刷
定　　价：49.00元